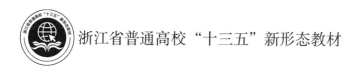

浙江省普通高校"十三五"新形态教材

U0149944

毛衫设计基础

陈淑聪　编著

中国纺织出版社有限公司

内 容 提 要

本书系统介绍了毛衫的特性、毛衫分类、毛衫色彩设计基础、毛衫款式造型元素、毛衫款式设计的形式美法则、毛衫产品设计、毛衫图案设计、毛衫产业与毛衫品牌等内容，列举和讲述了大量实用且经典的款式、各种常见的毛衫，并针对具体款式的设计作了详细说明。

全书内容完整，介绍由浅入深、通俗易懂，既可供各类服装职业院校的师生学习，也可供广大服装专业技术人员阅读和参考。

图书在版编目（CIP）数据

毛衫设计基础 / 陈淑聪编著 . -- 北京：中国纺织
出版社有限公司，2020.10
浙江省普通高校"十三五"新形态教材
ISBN 978-7-5180-6805-0

Ⅰ.①毛…　Ⅱ.①陈…　Ⅲ.①毛衣—服装设计—高等
学校—教材　Ⅳ.① TS941.763

中国版本图书馆 CIP 数据核字（2019）第 217486 号

策划编辑：朱冠霖　朱佳媛　　责任编辑：朱冠霖
责任校对：江思飞　　　　　　　责任印制：何　建

中国纺织出版社有限公司出版发行
地址：北京市朝阳区百子湾东里A407号楼　邮政编码：100124
销售电话：010 — 67004422　传真：010 — 87155801
http://www.c-textilep.com
中国纺织出版社天猫旗舰店
官方微博http://weibo.com/2119887771
三河市宏盛印务有限公司印刷　各地新华书店经销
2020年10月第1版第1次印刷
开本：787×1092　1/16　印张：15
字数：215千字　定价：58.00元

凡购本书，如有缺页、倒页、脱页，由本社图书营销中心调换

前 言

随着社会的进步和人们生活方式的改变，毛衫一改往日的着装模式，变得越来越时尚。毛衫的外穿化以及时装化、高档化已经成为时下针织服装设计的新趋势。为了顺应人们对毛衫款式的多元化需求，毛衫设计基础已经是时下服装设计师们的必修课。

然而，针织材料本身的特殊性决定了其设计手法不同于普通机织服装。毛衫编织的特点是利用组织肌理的变化，设计出千变万化的针织毛衫款式。因此，毛衫设计师必须了解毛衫不同的组织肌理和设计规律，才可以设计出多元化、个性化的毛衫。

本书为浙江省普通高校"十三五"第二批新形态教材建设项目的立项研究成果，以培养学生实践能力为基本教育理念，由浅入深，循序渐进，通过大量的优秀案例以及视频等多媒体手段，力求帮助学习者掌握毛衫款式设计所需要的知识和技能，达到"做中学"的教学目标。

《毛衫设计基础》首先简要介绍了毛衫的特性和分类、毛衫色彩设计基础、毛衫款式造型元素、毛衫款式设计的形式美法则、毛衫产品设计、毛衫的组织结构设计、毛衫图案设计、创意毛衫设计、毛衫设计表达的技巧、流行与毛衫设计以及毛衫产业与毛衫品牌，详细地介绍了毛衫设计与创意表达过程、毛衫设计的特点和方法、图案设计对毛衫美感塑造的作用、创意毛衫设计要领等，并通过大量的经典案例说明了这些方法的具体应用，使读者基本掌握毛衫的设计方法，为从事毛衫设计奠定扎实的基础。本书既注重基础理论的讲解，又与现实毛衫的生产实际相结合，并辅以图片说明，通俗易懂，以期既可作为纺织类院校针织与服装专业的教材，也可供针织服装企业的设计与工程技术人员参考和阅读。

同时，本教材利用新形态教材优势，书中结合视频、课件、习题库、案例等，从视觉、听觉等各方面来满足读者的多元化需求。本书结合最新的案例和经典的款式来分析毛衫设计要求，以图文并茂的形式剖析毛衫设计要领，一改往日靠文字说教的方式，使学生比较直观易懂地掌握相关知识点的学习要求。

感谢李萍、林文雯等为本书的编写提供了素材、资料和建设性意见。感谢家人的支持和帮助。

由于市面上毛衫款式设计的相关书籍还不多见，同时笔者的专业和水平所限，书中的不尽如人意之处和疏漏，希望有关专家、广大读者和同行予以批评指正。

陈淑聪

2019年12月于嘉兴学院南湖学院

目 录

第一章　毛衫设计概述

第一节　毛衫设计简述

　　针织作为一种源自民间的技艺，历史悠久。从考古的角度来说，中东是针织品的发源地。公元4世纪，大量的针织袜子在埃及的坟墓中被发现。现在通常认为针织品是由阿拉伯国家通过贸易路线，途经西班牙传到欧洲其他国家的。公元5世纪至公元15世纪，针织品产业在欧洲大陆打下了坚实的基础，其中法国和意大利的针织品最为发达。这些早期的针织品是以手工编织为主，其工具非常简单，有细棍、骨头针、木制品等，成品如袜子、手套等，最早的针织衫原形应该是苏格兰渔夫衫，它穿着舒适、款式简单，一直被沿用至今。大约在13世纪，意大利形成了比较完整的编织针法体系，在美洲大陆开始有欧洲移民的时候，这些工艺又被带到美洲。

　　手工毛衫编织机的起源大约是在1589年，英国牧师威廉·李设计了第一台手动脚踏式袜子编织机。这种编织方法一直沿用了好几百年，直到工业革命以后，机械编织才逐渐代替了手工编织（图1-1）。

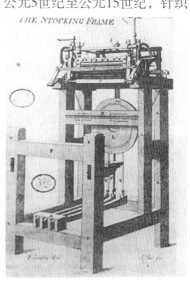

图1-1　威廉·李设计的手动脚踏式袜子编织机

　　针织的概念来自民间，《圣经》中就多次写到关于耶稣穿着一袭无缝合线的长衫，其实说的便是他身上所穿的针织衫。16世纪，西班牙人用当地的植物染料染毛线，然后利用这些毛线编织，当时较有名的就是编织而成的费尔岛花形（图1-2）。

　　19世纪末到20世纪初，针织毛衫的穿着者和制作者主要分布在欧洲的沿海地带，例如爱尔兰、英国和北欧的一些沿海城市。针织毛衫具有良好的保暖性，穿着者以渔民为主，有些沿海地区的人们利用自己的地理优势向往来的商船出售针织毛衫或交换货物，所以当地的妇女都有着精湛的编织技巧。

　　在过去很长的一段时间内针织毛衫一直是作为内衣来穿着使用的，直到第一次世界大战之后，着装的风格发生了巨大的变化，毛衫最基本的形态才形成。随着维

图1-2　费尔岛花形毛衫

多利亚式服装的衰退，20世纪30~40年代针织品的设计开始兴盛，巴黎出现了一批杰出的设计师，其中最有名的针织设计师是艾尔莎·夏帕瑞莉（Elsa Schiaparelli），她设计的时装很大程度上受到超现实主义大师达利的影响。她设计出了胸前有蝴蝶结提花图案的著名款式，生产手工编织的套装，并雇用了外国的移民为自己的服装品牌生产高级针织品。著名的服装设计师加布里埃勒·夏奈尔"可可"（Cabrielle "Coco" Chanel）也设计了许多优秀的针织毛衫作品（图1-3），例如著名的夏奈尔针织套装，沿袭了"夏奈尔"一贯的简洁时尚风格。20世纪50年代在战后新世界的气氛之下，手工毛衫开始变得不合时宜。平整的、制服型的机织毛衫被认为是时髦的。当时针织毛衫在款式设计和色彩的选用上都十分典雅和朴素。

图1-3　穿毛衫的加布里埃勒·夏奈尔及其早期设计作品

在我国，手工编织技术历史悠久、技艺高超，最早的记载是公元3世纪初曹魏时期文帝曹丕之妃的成型袜子。1896年，我国第一家针织厂在上海成立，针织工业生产正式开始。20世纪50年代初，针织服装主要以内衣为主，少量外衣织物则以横机织物呈现；20世纪80年代初开始，针织服装的品种、质量和生产数量得到空前的发展。目前，针织服装的设计与开发在整个服装的生产和发展中已占有相当重要的地位，并呈现出广阔的发展前景。

不同质地的纱线、不同的机器和技法组合而出的结果千变万化。因此不同于其他的设计品类，针织设计师不仅要懂设计，更要对生产流程中的各类专业技术了解透彻，才能真正实现从设计稿到产品实物的准确转化。

一、设计的概念

"设计"一词起源于拉丁语*Designare*，原意为用记号表现计划，相当于汉语中的"图案"和"意匠"，是指在制造物品之前各种各样构思设想。由于"设计"的本意是"通过符号把构思表现出来"，即把构思变为可视的具体图形，所以很多人认为造型、色彩、装饰的创造就是设计。其实，广义地讲，"设计"是在客观条件的制约下，本着某种目的进行创造性的构思设想，并用符号将其具体地展示出来的一种活动。也就是说，"设计"既是运用符号来表达构思的可视性内容，又是根据构思来解决问题的创造性行为。

二、设计的本质

"用"与"美"的统一是设计的精髓和本质所在。人类在生存本能的基础上追求美感，其中就包含了"用"的意识和"美"的意识。"用"的意识是科学的意识，"美"的意识是艺术的意识。设计是"科学"与"艺术"融为一体的产物。单纯强调"用"的产品，只能满足人的本能需要，不能称为设计；单纯强调"美"的作品，忽视了人的本能及功能要求，也不能称其为设计，只能是艺术范畴的初级品。现代设计的本质意义贯穿于人类缔造现代化的全过程，设计师追踪着人们行为的物质需要和对美的情感需求，不断创造充满生机的生活方式。

三、毛衫的概念

毛衫，即用毛纱或毛型化纤纱编织成的针织上衣，又称羊毛衫。针织是指利用织针把各种原料和品种的纱线构成线圈，再经串套连接成针织物的工艺过程。毛纱原料以羊毛为主，现在的毛衫的包容性非常大，不仅有毛类、其他化纤类品种的化学物品，还有特种动物毛，如骆驼毛、兔毛、山羊绒、牦牛绒等。毛衫质地柔软、弹性好，是比较理想的保暖服装。毛衫主要生产基地有浙江濮院、浙江杭州、广东大朗、河北清河等地。

第二节　毛衫的特性

毛衫针织物是由线圈相互穿套连接而成的。原材料主要有棉、麻、丝、毛等天然纤维，也有锦纶、腈纶、涤纶等化学纤维。毛衫组织变化丰富、品种繁多，外观别具特点，应用十分广泛。针织物的性能特点主要有以下八点。

一、透气性与保暖性

针织物的基本结构单元是线圈。纱线呈弯曲状态，自由活动性比较强，纱线捻度小，纱线间空隙较大，所以针织物手感松软，质地柔和，穿着舒适。同时，由于针织物的线圈结构松散，能保存较大量的空气，因而透气吸湿性较好，且保暖性也比较好。

二、回缩性

回缩性又称拉伸性和弹性。由于针织物线圈间有较大的空隙，当受到拉力作用时，线圈易发生转移，使针织物有较大的伸缩性，而当外力除去以后，织物很快又能恢复到原状，这就是针织物优越的弹性，它使服装便于运动，穿着舒适。也正因此，在设计时为确保成衣规格，必须预先考虑到其弹性和回缩性，合理地进行成品尺寸控制。此外，纬编针织物的弹性较经编针织物大，在设计时也要考虑两者混用时成品的尺寸问题。

三、脱散性

在针织毛衫裁剪或穿着磨损时，针织物的线圈因断裂而失去串套连结，如果受到外力拉扯，线圈会依次解除串套而彼此分离解体，这就是针织物的脱散性。针织物的脱散性分为顺编织方向脱散和逆编织方向脱散，脱散程度与线圈长度及组织结构密切相关。一般来说，线圈越长越容易脱散，纬编较经编更容易脱散，基本组织较花色组织更容易脱散。脱散性会使针织物脱散扩大，不仅影响外观，而且造成针织物破损，大大降低毛衫的牢度和使用性能。

四、卷边性

针织物在松弛状态下，构成线圈的弯曲纱线力图恢复伸直，于是边缘会发生包卷现象，这就是针织物的卷边性。卷边性与纱线密度、线圈长度及织物组织有直接关系。卷边性会影响织物的裁剪、缝纫和使用，在设计时要根据情况恰当处理，有时要通过特定工艺减少或消除卷边性，而有些设计却故意利用针织物的自然卷边效果。

五、尺寸的不稳定性

由于针织物弹性好，外力作用容易使其变形，造成裁片尺寸不准确或裁片变形，不易裁剪。而且毛衫因穿着受力或洗涤悬挂，容易伸长、肥大、松懈、变形。此外，天然纤维的针织物易缩水，对针织毛衫外形会有很大的影响。所以应根据情况适当选择针织物的种类或经过后整理提高针织物的尺寸稳定性。

六、勾丝和起毛起球性

由于结构疏松，针织物在加工和使用过程中容易被坚硬物体勾起甚至勾断，而且针织物表面经过摩擦容易起毛起球，会破坏服装的整体外观和服用性能，降低服装的穿着寿命。

　　羊毛衫适应原料性较广,如羊毛、羊绒、羊仔毛、兔毛、驼毛、马海毛、牦牛毛和化学纤维以及各种混纺纱等(图1-4、图1-5)。羊毛衫所用的组织结构变化较多,能使之具有很好的延伸性、弹性、保暖性和透气性,它手感柔软、表面丰满、穿着贴体、舒适随意,没有拘谨感,经久耐穿。羊毛衫款式新颖、色泽鲜艳、花色品种繁多,既可内穿也可作为外衣使用,并且男女老少皆宜,穿着美观大方,因此羊毛衫深受各类消费者的青睐。

图1-4　羊绒毛衫

图1-5　马海毛毛衫

七、悬垂性好、飘逸感强

　　针织服装穿着舒适合体,无拘束感,并且能够充分展现人体曲线美感。简单的直线、弧线组合成为外形线,配以较大的放松度,能充分体现毛衫面料的悬垂性,当然这与纱线的选择有一定关系。

八、保型性较差

　　针织服装面料是由线圈串套而成的,这就使得其向各个方向都可以拉伸,伸缩性很大。所以,相对来说毛衫款式的保型性就比较差,稍微受到外力的情况下就容易产生变形。这不仅与组织结构、织物密度有关,还与使用原材料的性质有一定的关系。因此,在设计的时候需要考虑一些比较容易变形的部位,可以采取加衬或改变原料成分的方法来增加服装的保型性。

第三节　毛衫分类

　　羊毛衫的花色、品种繁多,很难以单一的形式分类。一般可根据原料成分、纺纱工艺、编织机器、组织结构、修饰花形、产品款式、整理工艺等分类。通常羊毛衫分类可以归纳为以下十大类。

一、按原料成分分类

1. 纯毛类

纯毛类包括毛类混纺类。可分为羊毛衫、羊绒衫、驼毛衫、羊仔毛（短毛）衫、兔羊毛混纺衫、驼羊毛混纺衫、牦牛毛羊毛混纺衫等。

2. 混纺类

由两种或两种以上纯毛混纺和交织织物，如：驼毛/羊毛，兔毛/羊毛，牦牛毛/羊毛等。各类毛与化纤混纺交织织物，如：羊毛/化纤（毛/腈、毛/锦、毛/黏）、马海毛/化纤、羊绒/化纤、羊仔毛/化纤、兔毛/化纤和驼毛/化纤等。

3. 纯化纤类

纯化纤类包括化纤混纺类。可分为弹力锦纶衫，弹力丙纶衫，弹力涤纶衫，腈纶膨体衫，腈纶、涤纶、黏纤、锦纶混纺衫等。

4. 交织类

可分为羊毛腈纶、兔毛腈纶、羊毛棉纱交织衫等。

二、按纺纱工艺分类

1. 精纺类

由精纺纯毛、混纺或化纤纱编织成的各种产品。如：粗、细绒线衫、腈纶衫等。

2. 粗梳类

由粗纺纯毛和混纺毛纱编织成的各种产品，采用粗梳工艺纺制的针织纱线织制的各种羊仔毛衫、羊绒衫、兔毛衫、驼毛衫、雪兰毛衫等。

3. 花色纱毛衫

由双色纱、大珠绒、小珠绒、自由纱等花式针织绒线编织成的产品。采用花色针织绒（圈圈纱、结子纱、拉毛纱）织制的花色毛衫。这类毛衫外观奇特、风格别致、有艺术感。

三、按编织机器类型分类

毛衫类织物一般为纬编织物，有圆机产品和横机产品两种。

1. 圆机产品

圆机产品是指用圆形针织机先织成圆筒形坯布，然后再裁剪加工缝制成的毛衫。主要有单针筒圆机和双针筒圆机及提花圆机等。

2. 横机产品

横机产品是指用手摇横机编织成衣坯后，再经加工缝合制成的毛衫。也指电脑横机织成坯布，经裁剪加工缝制成毛衫。横机主要有普通横机、花式横机、双反面机和单针床的全成型平行钩针机，花式横机也包括了近年来我国自行制造的电脑提花横机和从国外引进的各类大型电脑提花横机等。

四、按坯布组织结构分类

一般分为单面、四平、鱼鳞、提花、扳花、挑花、绞花等多种。

五、按修饰花形分类

可分为印花、绣花、拉毛、缩绒、浮雕、贴花、扎花、珠花、盘花、镶皮等。

1. 印花毛衫

在毛衫上采用印花工艺印制花纹，以达到提高美化效果之目的，是毛衫中的新品种。印花方式有满身印花、前身印花、局部印花等，其外观优美、艺术感染力强、装饰性好。

2. 绣花毛衫

在毛衫上通过手工或机械方式刺绣上各种花形图案。花形细腻纤巧，绚丽多彩，以女衫和童装为多。有本色绣毛衫、素色绣毛衫、彩绣毛衫、绒绣毛衫、丝绣毛衫、金银丝线绣毛衫等。

3. 拉毛毛衫

将已织成的毛衫衣片经拉毛工艺处理，使织品的表面拉出一层均匀稠密的绒毛。拉毛毛衫手感蓬松柔软，穿着轻盈保暖。

4. 缩绒毛衫

又称缩毛毛衫、粗纺羊毛衫，一般都需经过缩绒处理。经缩绒后毛衫质地紧密厚实、手感柔软、丰满，表面绒毛稠密细腻，穿着舒适保暖。

5. 浮雕毛衫

是毛衫中艺术性较强的新品种，是使用水溶性防缩绒树脂在羊毛衫上印上图案，再将整体毛衫进行缩绒处理，印上防缩剂的花纹处不产生缩绒现象，织品表面就呈现出缩绒与不缩绒结合、凹凸如浮雕般的花形，再以印花点缀浮雕，使花形有强烈的立体感，花形优美雅致，给人以新颖醒目的感觉。

六、按织物组织结构分类

羊毛衫所用的织物组织结构主要有：平针、罗纹（一隔一抽针罗纹）、四平针（满针罗纹）、四平空转（罗纹空气层）、双罗纹、双反面、提花、横条、纵条、抽条、夹条、绞花、扳花（波纹）、挑花（纱罗）、添纱、毛圈、长毛绒、集圈（胖花、单鱼鳞、双鱼鳞）以及各类复合组织等（图1–6~图1–15）。

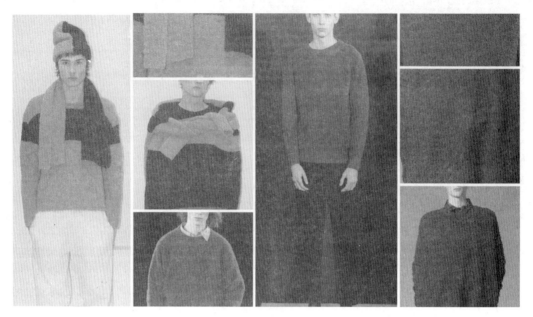

图1-6　细圈圈纱毛衫设计

图1-7　强缩羊毛毛衫设计

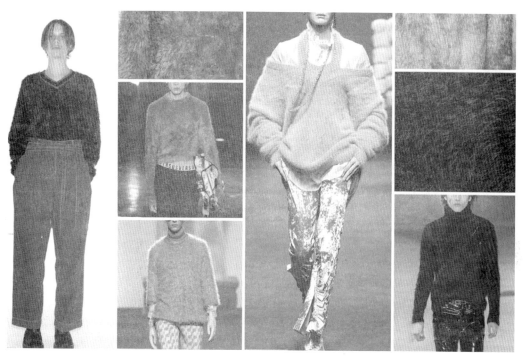

图1-8 长羽毛毛衫设计

图1-9 色纺纱毛衫设计

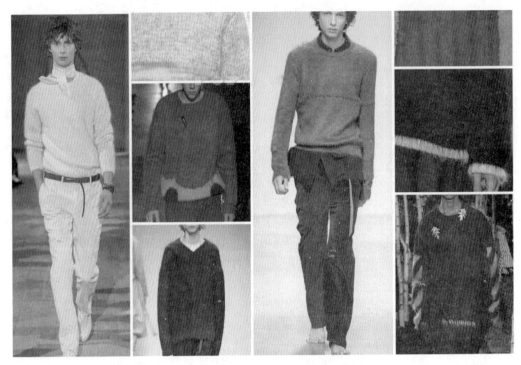

图1-10　马海毛毛衫设计

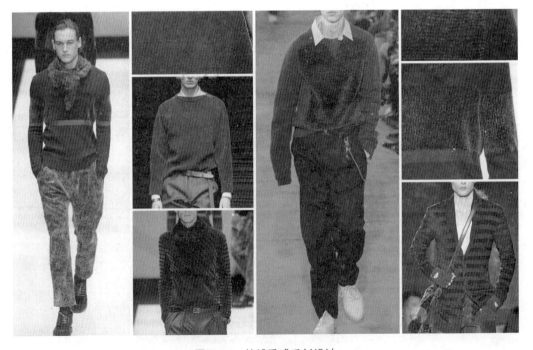

图1-11　丝绒质感毛衫设计

图1-12 坑条肌理毛衫设计

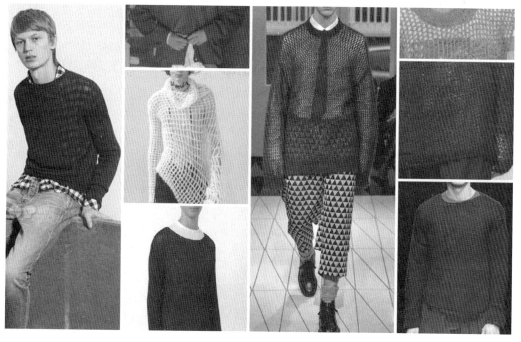

图1-13 通透网眼毛衫设计

图1-14 纹理绞花毛衫设计

图1-15 假绞花毛衫设计

七、按产品款式分类

羊毛衫款式主要有：男、女、童式的开衫、套衫、背心和裤子，女、童式的裙类和儿童套装（帽、衫、裤）以及各类外衣、围巾、披肩、风雪帽和窗帘、床罩、帷幕、壁毯等装饰产品。

八、按整理工艺分类

羊毛衫的整理工艺主要有：拉绒、轻缩绒、重缩绒、各种特殊整理等。

九、按性别进行毛衫产品分类

毛衫按性别进行产品的分类可分为三类：男装、女装、中性服装。

十、按毛衫产品的品质分类

由于经济收入的不同、消费体验的不同，对产品品质的要求也不同。消费者对服装品质的不同需求，自然形成了不同层次的消费市场，如奢侈品市场、平价市场等。不同的市场层面代表不同的消费市场环境，设计师必须根据不同的商业环境下消费者对毛衫产品品质的需求进行有针对性的产品设计。

思考与练习

1. 毛衫有哪些特性？在设计过程中应该注意什么？
2. 针织类服装与机织类服装的优缺点有哪些？针织物的主要性能是什么？
3. 针织服装有哪些分类？

第二章　毛衫色彩设计基础

第一节　色彩的审美特性

人们对物体的视觉是从色彩开始的，当你从远处注视一件衣服的时候，首先感知到的就是它的色彩。从这个角度出发，色彩是服装带给我们的第一视觉冲击力。由此可见，我们对毛衫的审美历程是从对色彩的感知开始的。如果不喜欢某种色彩，即便是款式再符合心意也不会产生购买欲望。而迷人的色彩却能把远处的目光吸引过来，使人驻足不前。此外，色彩对于烘托人的容貌和气质起着至关重要的作用。

一、色彩的联想性

色彩联想是指由商品、广告、营业环境或其他各种因素给消费者提供的色彩感知，而联想到另一些事物的心理活动过程。当我们看到太阳的时候，会立刻联想到它光芒万丈的金色光辉；而当我们看到蓝色的时候，则会自然地联想到海洋。不同的文化背景、不同的人生经历和不同的生活观念也会让我们对色彩形成不同的联想。

二、色彩的表情性

色彩在生活中应用无论是有彩色还是无彩色，都有自己的表情特征。当每一种色相的纯度和明度发生变化，或者处于不同的颜色搭配关系时，颜色的表情也就随之改变了。因此想要说出各种颜色的表情特征，就像要说出世界上每个人的性格特征一样困难。但对于典型的色彩性格，我们还是可以做出一些描述的。

红色：红色是热烈、冲动、强有力的色彩，它能使肌肉的机能和血液循环加快。红色波长是可见光波最长的这一特性，使其极易引起注意。它常传达有活力、积极、热诚、温暖的表情。

黄色：黄色灿烂、辉煌，有着太阳般的光辉，象征着照亮黑暗的智慧之光。黄色有着金色的光芒，象征着财富和权力。

橙色：橙色是欢快活泼的光辉色彩，是暖色系中最温暖的色，它使人联想到秋天、丰硕的果实，是一种富足、快乐而幸福的颜色。

蓝色：蓝色是博大的色彩，天空和大海这些辽阔的景色都呈蔚蓝色。蓝色是永恒的象征，它是最冷的色彩。纯净的蓝色表现出一种美丽、文静、理智、安详与洁净。

绿色：鲜艳的绿色是一种非常美丽、优雅的颜色，它生机勃勃，象征着生命力。

紫色：紫色是象征虔诚的色相，当光明与理解照亮了蒙昧的虔诚之色时，优美可爱的紫色就会使人心醉。紫色也可以表现孤独与献身，它处于冷暖之间游离不定的状态，加上它的低明度性质，构成了这一色彩心理上的消极感。

第二节　色彩的基本属性

色彩三要素（Elements of color）包括色调（色相）、饱和度（纯度）和明度。人眼看到的任何一个彩色光都是这三个特性的综合效果，这三个特性即是色彩的三要素，其中色调与光波的波长有直接关系，亮度和饱和度与光波的幅度有关。

一、明度

色彩所具有的亮度和暗度被称为明度。计算明度的基准是灰度测试卡，黑色为0，白色为10，在0~10之间等间隔的排列为10个阶段。色彩可以分为有彩色和无彩色，但后者仍然存在着明度。作为有彩色，每种色各自的亮度、暗度在灰度测试卡上都具有相应的位置值。彩度高的色对明度有很大的影响，不太容易辨别。在明亮的地方鉴别色的明度比较容易，在暗的地方就难以鉴别（图2-1）。

图2-1　变化色彩明度丰富服装的视觉层次

二、色相

色彩是由于物体上的物理性的光反射到人眼视神经上所产生的感觉。色彩的不同是由光的波长的长短所决定的。色相指的是这些不同波长的色的情况。波长最长的是红色，最短的是紫色。把红、橙、黄、绿、蓝、紫和处在它们各自之间的红橙、黄橙、黄绿、蓝绿、蓝紫、红紫这6种中间色作为色相环。在色相环上排列的色是纯度高的色，被称为纯色。这些色在环上的位置是根据视觉和感觉的相等间隔来进行安排的。用类似这样的方法还可以再分出差别细微的多种色来。在色相环上，与环中心对称，并在180°的位置两端的色被称为互补色（图2-2）。

图2-2　多种色相组合的毛衫

三、饱和度

用数值表示色的鲜艳或鲜明的程度称为彩度。有彩色的各种色都具有彩度值，无彩色的色的彩度值为0，对于有彩色的色的彩度（纯度）的高低，区别方法是根据这种色彩中所包含的灰色的程度来计算的。彩度由于色相的不同而不同，而且即使是相同的色相，因为明度的不同，彩度也会随之变化（图2-3）。

图2-3　色彩的饱和度

第三节　色彩生理与视觉理论

色彩心理是指颜色能影响脑电波，如脑电波对红色的反应是警觉，对蓝色的反应是放松。色彩的直接心理效应来自色彩的物理光刺激对人的生理发生的直接影响。心理学家对此曾做过许多实验。他们发现，在红色环境中，人的脉搏会加快，血压有所升高，情绪兴奋冲动；而处在蓝色环境中，脉搏会减缓，情绪也较沉静。自19世纪中叶以后，心理学已从哲学转入科学的范畴，心理学家注重实验所验证的色彩心理的效果。

一、生活中相关的色彩理论

不少色彩理论中都对色彩心理学做过专门的介绍，这些经验向我们证实了色彩对人心理的影响。冷色与暖色是依据心理错觉对色彩的物理性分类，对于颜色的物质性印象，大致由冷暖两个色系产生（图2-4）。波长长的红色光、橙色光、黄色光，有暖和的感觉。相反，波长短的紫色光、蓝色光、绿色光，有寒冷的感觉。夏日，我们关掉室内的白炽灯，打开日光灯，就会有一种变凉爽的感觉。冬日，把卧室的窗帘换成暖色，就会增加室内的暖和感。在冷食或冷的饮料包装上使用冷色，视觉上会使这些食物产生冰冷的感觉。

图2-4　色彩的冷暖感觉

　　冷暖感觉并非来自物理上的真实温度，而是与我们的视觉与心理的联想有关。总的来说，人们在日常生活中既需要暖色，又需要冷色，在色彩的表现上也是如此。

　　冷色与暖色除去给人们温度上的不同感觉以外，还会带来其他一些感受，例如，重量感、湿度感等。例如，暖色偏重，冷色偏轻；暖色有密度强的感觉，冷色有稀薄的感觉；两者相比较，冷色的透明感更强，暖色则透明感较弱；冷色显得湿润，暖色显得干燥；冷色有远的感觉，暖色则有迫近感。

　　一般说来，若想使狭窄的空间变得宽敞，应该使用明亮的冷调。由于暖色有前进感，冷色有后退感，可在细长的空间中的两边涂以暖色，近处的两边涂以冷色，空间就会从心理上感到更接近方形。

　　除了冷暖色系会使人产生不同的心理感受之外，色彩的明度与纯度也会引起对色彩物理印象的错觉。一般来说，颜色的重量感主要取决于色彩的明度，暗色给人以重的感觉，明色给人以轻的感觉（图2-5）。纯度与明度的变化给人以色彩软硬的印象，如淡的亮色使人觉得柔软，暗的纯色则有强硬的感觉。

图2-5　色彩的轻重感

　　色彩心理学是十分重要的学科。在欣赏自然、社会活动方面，在客观上色彩是对人们的一种刺激和象征；在主观上又是一种反应与行为。色彩心理从视觉开始，通过知觉、感情到记忆、思想、意志、象征等，其反应与变化是极为复杂的。色彩的应用很重视这种因果关系，即由对色彩的经验积累而变成对色彩的心理规范。受到什么刺激后能产生什么反应，都是色彩心理所要探讨的内容。

　　色彩的配合，是指研究实用色彩的题材，它主要追求色彩的和谐与色彩的美感（图2-6）。

图2-6 色彩的和谐感

　　纯粹色彩科学称为色彩工程学，包括表色法、测色法、色彩计划设计、色彩调节、色彩管理等。包装色彩学是色彩工程学在包装色彩设计与色彩复制等方面的具体应用，是自然色彩、社会色彩和艺术色彩的有机统一。包装色彩学从包装色彩出发，系统地反映色彩形成与表述、色彩设计与再现的现象与规律，是色彩构成、色度学及印刷色彩学等有关内容的有机结合，是对包装色彩感性认识和理性分析的有机结合。

二、色彩的心理感觉

　　日常生活中观察的颜色在很大程度上受心理因素的影响，即形成心理颜色视觉感。在色度学中（色度学是一门研究彩色计量的科学，其任务在于研究人眼彩色视觉的定性和定量规律及应用），颜色的命名是由三刺激值（刺激值是指用以近似地描述颜色的三个刺激强度的数值。基于"三原色"理论，任何颜色都是三原色共同作用的结果，即红、绿、蓝三种基本刺激值，用X、Y和Z表示）、色相、明度、纯度、主波长等决定的。然而在生产中则习惯用桃红、金黄、翠绿、天蓝、亮不亮、浓淡、鲜不鲜等来表示颜色，这些通俗的表达方法，不如色度学的命名准确，名称也不统一。

　　根据这些名称的共同特征，大致可将其分为三组。将色相、色光、色彩表示的归纳为一组；明度（图2-7）、亮度、深浅度、明暗度、层次表示的归纳为一组；饱和度、鲜度、纯度、彩度、色正不正等表示的归纳为一组。这样的分组只是一种感觉，没有严格的定义，彼此的含义不完全相同。例如，色相不等于色光，明度也不等于亮度，饱和度也不等到于纯度、鲜度、深浅度。但是在判断颜色时，它们也是三个变数，大致能和色度学中三个变数相对应。主波长对应于色相。人们常说的红色就有一定的波长范围，红色在色度图上也只是一个区域，人们绝不会把500nm的单色光称为红色。色度学中的亮度对应于明度、亮度、主观亮度、明亮度、明暗度和层次等，在相同的背景上，亮度小的颜色一般总是比亮度大的颜色显得暗些。色度学中的纯度对应饱和度、鲜度、彩度、纯度等（图2-8）。

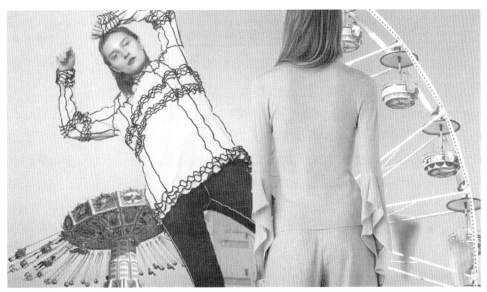

图2-7　舒适的高明度毛衫

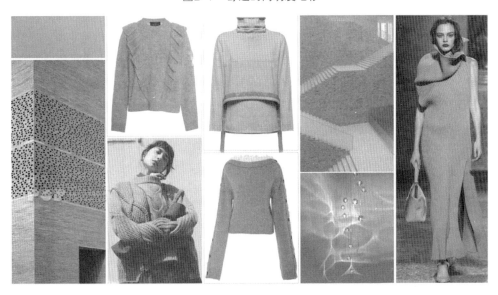

图2-8　低彩度毛衫

心理颜色视觉的名称，虽然和色度学中的几个物理量相对应，但这种对应关系不是简单的正比关系，也不是一对一的关系，它们之间有许多不同的特征。例如，色度学中的纯度分为刺激纯和色度纯两种，认为白光的纯度为0。一切单色光的纯度（不分刺激纯或色度纯）均为1。色度纯的定义为色光中所含单色光的比例，表示某颜色与某中性色或白光的接近程度，但是，心理颜色视觉在分辨色光与中性色的区别时，却认为各个单色光的纯度并不是一样的。

同样的单色光，黄、绿光和白光的差别不大，红、蓝光和白光的差别显著。所以在心理上认为，黄色光尽管也是单色光，但纯度却比蓝色光低些。这些心理上的颜色与白光的差别，通常被称为饱和度，以区别于色度学上的纯度。心理上的亮度又可分为两种，一种是联系到物体的亮度，另一种是不联系物体的亮度。例如，通过一个小孔观察物体的表面，这时观察者看不见物体，无法联系物体来判断亮度，但它也与色度学中的亮度有差别，为了把物体表面的光亮和色度学中的亮度分开，称它为明度。

在混合色方面，心理颜色和色度学的颜色也不相同，当看到橙色时，会感到它是红与黄的混合，看到紫红色时，会感到是蓝与红的混合等。但看到黄光时，却不会感到黄光可以由红光和绿光混合而成。在心理颜色视觉上一切色彩"好像"不能由其他颜色混合出来。一般觉得，颜色有红中带黄的橙，绿中带蓝的青绿，绿中带黄的草绿，但是却没有黄中带蓝或红中带绿的颜色。

因此，我们在心理上把色彩分为红、黄、绿、蓝四种，并称为四原色。通常红—绿、黄—蓝称为心理补色。任何人都不会想象白色从这四个原色中混合出来，黑也不能用其他颜色混合出来。所以，红、黄、绿、蓝加上白和黑，成为心理颜色视觉上的六种基本感觉。尽管在物理上黑是人眼不受光的情形，但在心理上许多人却认为不受光只是没有感觉，而黑确实是一种感觉。

1. 黑色

黑色象征权威、高雅、低调、创意，也意味着执着、冷漠、防御，视服饰的款式与风格而定。黑色受到大多数主管或白领专业人士所喜爱，当需要极度权威、表现专业、展现品味、不想引人注目或想专心处理事情时，例如在进行主持演示文稿、在公开场合演讲、写企划案、创作等工作时，可以穿黑色（图2-9）。

图2-9　黑色毛衫

2. 灰色

灰色象征诚恳、沉稳、考究。其中的铁灰、炭灰、暗灰在无形中散发出智慧、成功、权威等强烈信息；中灰与淡灰色则带有哲学家的沉静。当灰色服饰质感不佳时，整个人看起来会黯淡无光、没精神，甚至造成邋遢、不干净的错觉。灰色在权威中带着精确，特别受金融业人士喜爱；当你需要表现得智慧、成功、权威、诚恳、认真、沉稳等时，可穿着灰色衣服现身（图2-10）。

图2-10　灰色毛衫

3. 白色

白色象征纯洁、神圣、善良、信任与开放，但如果身上白色面积太大，则会给人疏离、梦幻的感觉。当你需要赢得做事干净利落的信任感时可穿白色上衣，像基本款的白衬衫就是上班族的必备单品。

4. 海军蓝（深蓝色）

深蓝色象征权威、保守、中规中矩与务实。穿着海军蓝时，配色的技巧如果没有拿捏好，会给人呆板、没创意、缺乏趣味的印象。海军蓝适合强调一板一眼、具执行力的专业人士。希望别人认真听你说话、表现专业权威时，不妨也穿深蓝色单品，例如参加商务会议、记者会，提案演示文稿，到企业文化较保守的公司面试，或演讲严肃、传统的主题时。

5. 褐色、棕色、咖啡色系

咖啡色系有着典雅中蕴含安定、沉静、平和、亲切等印象，给人情绪稳定、容易相处的感觉。没有搭配好的话，会让人感到沉闷、单调、老气、缺乏活力。当需要表现友善亲切时可以穿棕褐、咖啡色系的服饰，例如参加部门会议或午餐汇报时、募款时、做问卷调查时等。当不想招摇或引人注目时，褐色、棕色、咖啡色系也是很好的选择。

6. 红色

红色象征热情、性感、权威、自信，是个能量充沛的色彩。不过有时候会给人血腥、暴力、忌妒、控制的印象，容易造成心理压力，因此与人谈判或协商时不宜穿红色；预期有火爆场面时，也请避免穿红色。当你想要在大型场合中展现自信与权威的时候，可以让红色单品助你一臂之力。

7. 粉红色

粉红象征温柔、甜美、浪漫、没有压力，可以软化攻击力、安抚浮躁的心情。比粉红色更深一点的桃红色则象征着女性化的热情，比起粉红色的浪漫，桃红色则是更为洒脱、大方的色彩。在需要权威的场合，不宜穿大面积的粉红色，小面积使用时需要与其他较具权威感的色彩做搭配。而桃红色的艳丽则很容易把人淹没，也不宜大面积使用。当你要和女性谈公事、提案，或者需要源源不绝的创意时、安慰别人时、从事咨询工作时，粉红色都是很好的选择。

8. 橙色

橙色富有母爱或大姐姐的热心特质，给人亲切、坦率、开朗、健康的感觉。介于橙色和粉红色之间的粉橘色，是浪漫中带着成熟的色彩，让人感到安适、放心。橙色是从事社会服务工作时，特别是需要阳光般的温情时最适合的色彩之一。

9. 黄色

黄色是明度极高的颜色，能刺激大脑中与焦虑有关的区域，具有警告的效果，所以雨具、雨衣多半是黄色。艳黄色象征信心、聪明、希望；淡黄色显得天真、浪漫、娇嫩。艳黄色有不稳定、招摇，甚至挑衅的味道，不适合在可能引起冲突的场合穿着如谈判场合。黄色适合在快乐的场合穿着，譬如生日会、同学会；也适合在希望引起人注意时穿着。

10. 绿色

绿色给人无限的安全感，在人际关系的协调上可起到重要的作用。绿色象征自由和平、新鲜舒适；黄绿色给人清新、有活力、快乐的感受；明度较低的草绿、墨绿、橄榄绿则给人沉稳、知性的印象。绿色的负面意义，暗示了隐藏、被动，不小心就会穿出没有创意、出世的感觉，在团体中容易失去参与感，所以在搭配上需要其他色彩来调和。绿色是参加环保、动物保育活动、休闲活动时很适合的颜色，也很适合作为心灵沉潜时的穿着。

11. 蓝色

蓝色是灵性、知性兼具的色彩，在色彩心理学的测试中发现几乎没有人对蓝色反感。明亮的天空蓝，象征希望、理想、独立；暗沉的蓝，意味着诚实、信赖与权威。正蓝、宝蓝在热情中带着坚定与智慧；淡蓝、粉蓝可以让自己也让对方完全放松。蓝色在美术设计上，是应用度最广的颜色；在穿着上，同样也是最没有禁忌的颜色，只要是适合你皮肤色彩属性的蓝色，并且搭配得宜，都可以放心穿着。想要使心情平静时、需要思考时、与人谈判或协商时、想要对方听你讲话时都可穿蓝色。

12. 紫色

紫色是优雅、浪漫，并且具有哲学家气质的颜色。紫色的光波最短，在自然界中较少见到，所以被引申为象征高贵的色彩。淡紫色的浪漫，不同于粉红小女孩式的浪漫，而是像隔着一层薄纱，带有高贵、神秘、高不可攀的感觉；而深紫色、艳紫色则是魅力十足、有点狂野又难以探测的华丽浪漫。若时、地、人不对，穿着紫色可能会造成高傲、矫揉造作、轻佻的错觉。当你想要与众不同，或想要表现浪漫中带着神秘感的时候可以穿紫色服饰。

第四节　毛衫色彩的美学原理

服装配色的美是一个很复杂的问题。人们常说："这个颜色真美"，但客观地讲，任何一种单一的色彩都无所谓美与不美，只有当它和另外的色彩配合时，才能通过其产生的效果评价是否美。然而，同样一件作品，由于观众的文化修养、社会阅历、艺术素质、生活态度以及年龄、性别、性格、嗜好等的不同，所做出的评价又会有很大的出入。有人认为是一件难得的佳作，有人却很可能不屑一顾。而且，随着时代潮流的变迁，过去作为失败的教训，现在却可能被新的思潮、新的观点所承认，甚至被推崇为划时代的变革和创新。这些都是我们研究服装色彩时不可忽视的问题。也就是说，服装的配色美没有一个放之四海而皆准的定理或公式。

尽管如此，还是有一些共通的美学原理。一般情况下服装配色的美，可理解为悦目、给人以快感，与周围环境协调。当然，还要具有强烈的艺术魅力和明确的思想性，并应充分表现出其生活机能。作为配色美的原理和方法可归纳如下。

一、色彩性格的调和

服装色彩和面料质感的紧密结合，有时从理论上讲是不和谐的，但实际上却是非常美的配色，即所谓色彩性格的调和。在服装上应包括面料质感的调和，同一、类似、对比等情况也同样适合于面料质感的表现。由于时代、环境、造型种类的不同以及欣赏者要求的不同，具体的面料质感与色彩所表现出的感觉就不一样。作为服装专业人员，除了要具备一定的色彩学的理论知识外，还要能在实践中准确地把握时代的脉搏，适应周围的环境和社会气候，了解消费者的心理状态和审美水平。

二、色彩面积的比例

色彩面积的比例关系，直接影响到配色的调和与否。无论是同一、类似还是对比调和，关键在于如何掌握面积比例这个尺度。在对比调和中，要考虑色相、纯度、明度三个方面的对比。就色相对比来讲，两个色相面积比例的安排就直接影响着是否调和。"万绿丛中一点红"是一种很美的配色效果，原因就在于绿和红的面积是万与一之比，一个是绝对优势，处于主导地位，一个是点缀色，处于从属地位。在纯度对比中，纯度低的色面积应大于纯度高的色面积。在明度对比中，可根据情况灵活掌握。明度高的和明度低的以1:1的比例相配时，可产生强烈、醒目、明快的感觉；明度高的为主时，是高调配色，能创造明朗、轻快的气氛；明度低的为主时，是低调配色，能产生庄重、平稳、肃穆的感觉（图2-11）。

图2-11　色彩面积对比

三、色彩的统一变化

统一，从调和的角度来看，就是同一和类似，是相似物体之间的协调。但过于统一就会显得呆板、没生气。统一，性格向心；变化，性格离心。但变化得过分，配色会陷于混乱、无秩序。因此，服装上的配色数量不宜过多，承担主角的色彩数量越少越好，一般以一至二色为宜。这样，配色容易形成一个明确而统一的色调，若再加上适度的点缀色，在统一中求得变化，即可创造一个既有秩序又有生气的色彩气氛。统一中有变化应是服装设计贯穿始终的重要方法之一（图2-12）。

图2-12　色彩的统一变化

四、色彩均衡

"均衡"这个力学上的名词，运用到服装配色上，是指色彩在人们视觉心理上产生的稳定性。如前所述，色彩在视觉上除了色相、明度、纯度外，还有冷暖、前后和轻重的感觉。因此，在配色时就出现了平衡或不平衡的感觉。均衡有以下几种情况：衣服上各种色彩的强弱、轻重能在视觉上取得的平衡美；为了追求变化和动态，服装有时采用不对称的形式，通过不同色彩取得的非平衡美；在色彩上没有取得平衡，造型上也不对称的不平衡的均衡美。平衡除面积比例外，还有量的比例。由于色彩的前进后退感、膨胀收缩感，加上不同质地面料所产生的量，就不是单靠面积比例所能解决的。因此，在考虑面积比例的同时，还要考虑色彩量和质地量的比例关系，以求在感觉上取得均衡。上下的均衡，上轻下重有安定感，上重下轻处理好则会产生一种动感，达到有生气的新的均衡，产生一种不平衡的美（图2-13）。

图2-13 色彩均衡

五、色彩律动

律动本来是指在音乐或舞蹈中，音乐或舞姿随着时间而变化时，能够以听觉和视觉感知到的重复出现的强弱、长短现象，是时间艺术用语，被借用到造型艺术上，来描述视觉上重复出现的强弱现象。服装是运动着的状态，随着人体的动作就产生出多种多样的律动来。从镶边、波浪装饰的使用、纽扣的排列等设计中都可以看到律动。在配色上一般有下列三种律动：通过重点重复产生节奏；把色相顺次排列，或同一色相以不同明度或彩度阶梯状的渐变所产生的律动感；有些律动更加复杂、更富有变化，律动感较弱。这些节奏往往是以视觉次数的重复来获得的。律动有不同的性格，单调的重点重复，产生强烈的律动；复杂的、变化丰富的律动，虽律动感较弱，但富有魅力，耐人寻味（图2-14）。

图2-14 色彩的律动

六、色彩的关联性

一个颜色在不同部位重复出现就被称为色彩的关联，相配色之间互相照应，你中有我，我中有你。例如，取色织的裙子上的一个色作为上衣的颜色里料的色和面料的色相呼应；取衣服上某个色作为服饰配件的色等。这是色彩之间取得调和的重要手段之一，同时也能产生节奏感（图2-15）。

图2-15　色彩的关联性

七、色彩强调

这是把人们的注意力吸引到毛衫的某一部分，在统一中谋求变化的手段之一。配饰的使用是最常见的方法。毛衫款式的重点部位，如领部、肩部、胸部、腰部等处的配色，应首先抓住人们的注意力。每套毛衫的点缀部位不要过多，以一至两处为宜。多则乱会分散注意力，冲淡整个色彩效果，所谓"多中心即无中心，多重点即无重点"。

八、色彩的隔离

紧邻的色彩之间对比过于强烈，过于相似，都会产生不调和或无生气的感觉。在这些色之间用无彩色的黑、白、灰或中性色金、银，有彩色的邻线加以隔离，就会产生意外的效果。这也是服装配色中常见的一种手法。有时，一条腰带的巧妙使用，也会使不调和的状态得到缓解（图2-16）。

图2-16 色彩的隔离

九、肤色——不可忽视的条件色

服装是人着衣后的状态。在考虑毛衫配色时，必须把穿着者的肤色作为一个配色条件来考虑。肤色影响着衣服、鞋帽、围巾、手套及其他配件的色彩。毛衫的配色应"扬长避短"。一般我们黄种人认为皮肤细腻，肤色白里透红是一种美，因此也比较好配色。所谓"淡妆浓抹总相宜"，只要根据个人的喜好，考虑性格特征就可成功。配以浅色，形成高调子，使其白里透红的肤色显得透明；配以深色，与皮肤形成对比，更显示其优越性。黄褐色皮肤的人一般忌用浅亮的黄、橙色和深沉的褐、深驼、黑灰色等。当然，还是要根据具体的人来配色。

十、针织毛衫色彩的设计特点

1. 纤维的形态与色泽

毛衫中可使用的纱线有羊绒、羊毛、丝、棉、麻、黏胶和各种新型纤维等（图2-17）。棉的染色性能好，色彩感觉鲜艳、亮丽，但光泽较柔和。羊毛卷曲且带有鳞片，织物相对较厚重，因此，用色力求稳重、大方、文静、含蓄，常常采用中性色，明度、彩度不宜过高，当然，要随四季、性别、流行等具体情况而变。仿毛产品也应追求这种色感。蚕丝光泽较强，其针织物光滑、轻薄、柔软、精致、轻盈飘逸、别具风格，常用于夏季服装和内衣，用色既要柔和、高雅，又要艳丽、柔美，所用的色彩一般明度和彩度均高，如嫩黄、浅绿、冰淇淋色、粉色等。麻类纤维比较粗硬，其针织物风格比较粗犷、洒脱，但因有优良的湿热交换特性，常用作夏季衣料，色彩一般浅淡、自然、素雅，如浅棕色、玉米色等。

图2-17　纱线

2. **纱线结构的变化与色泽**

一般来说，股线由于条干均匀，纱线中纤维排列整齐，表面毛羽少、光洁，所以色泽比单纱要好。纱线的粗细不同，色光效果不同。比如同样是棉针织物，染色工艺相同，但高支棉纱与低支棉纱的色光完全不同，前者细腻、光滑，色彩鲜艳；后者粗糙、厚重，色彩暗淡、朴素。在不影响纱线强力的条件下，捻度应适中。通常强捻纱的色彩光感较强，颜色比较鲜艳，捻度小的纱线色彩质感柔和。

色彩是毛衫设计中最基本也是最重要的视觉因素。在了解毛衫性能特征的基础上，将针织毛衫的色彩装饰性功能发挥到极致，才能使针织毛衫的风格更加多样化，将为针织行业带来更广阔的市场。

思考与练习

1. 运用色彩搭配规律设计一系列（3~5款）实用毛衫款式。

2. 运用色彩面积的比例关系设计一系列针织服装款式（5款）。

3. 了解纱线结构变化与色泽的关系。

第三章　毛衫款式造型元素

第一节　毛衫的外部造型

一、造型的概念与特征

造型是用一定的物质材料，按审美要求塑造出可视的平面或立体的形象。物体处于空间的形状，是由物体的外轮廓和内结构结合起来形成的。造型是把握物体的主要特征所创造出来的物体形象。毛衫造型包括外轮廓造型和内部结构造型。

针织毛衫造型的变化包括整体廓型的变化、整体结构变化和局部结构变化。外轮廓线又称为针织毛衫的基础造型线，包括A、H、O、V、X等线型。整体结构的变化也是基础造型的变化，以A、H、O、V、X这几种基础造型线为核心，可设计出千变万化的毛衫款式。局部结构的变化有多种形式，包括同廓型相同的局部变化，如两件廓型同为X的毛衫，变化袖子局部设计，就能够形成不同的风格。针织毛衫设计，尤其是实用类的针织毛衫设计，其造型的变化主要体现在领型和袖型上，各种不同的领型和袖型的变化可以带来千变万化的毛衫款式造型变化（图3-1）。

图3-1　变化多端的毛衫造型设计

二、毛衫造型创意设计

创意毛衫设计既要有好的主题内容，也需要有新鲜感的造型。毛衫造型在表现毛衫风格及设计内涵方面起着举足轻重的作用。几何造型上看，毛衫的基本廓型主要有Y型、A型、O型（图3-2）、X型（图3-3）、H型（图3-4）、T型（图3-5）、S型等，在基本集合轮廓的基础上可以进行多种形式的变化，也可将基本几何造型进行增减、组合、解构，塑造自由空间造型，打造出风格各异的无结构形式毛衫。

图3-2　O型

图3-3　X型

图3-4 H型

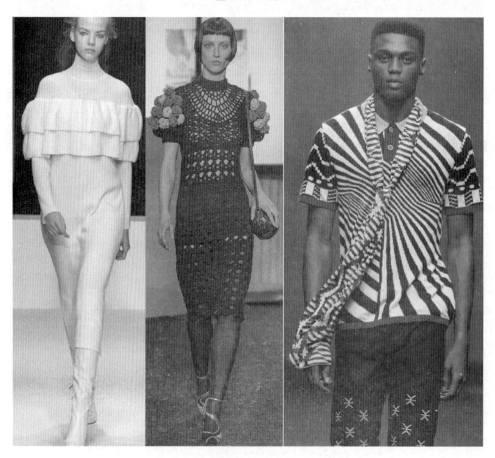

图3-5 T型

三、毛衫的非对称造型

非对称毛衫廓型，具备无规则、无秩序、随意划分的特性。打破常规毛衫的枯燥乏味感，具有生动丰富的视觉印象。强调个性，突出变化，符合当代人对美的追求，更能受到追求时尚创意年轻人的青睐（图3-6）。

图3-6　非对称造型毛衫

四、毛衫的自由波纹造型

自由波纹造型没有规范固定的外轮廓，赋予了毛衫廓型特别的创意，人体的天然曲线造型、面料堆积、褶皱、运动等都可以形成流动的线条，构成自由的波纹。

第二节　毛衫的内部细节构成要素

由于针织毛衫本身面料的弹性，相对于其他材质的服装来说，它内部结构线运用的比较少，毛衫款式设计中基本没有衣身省道线，分割线则较为多见。设计师可以有效地利用这些结构线，使之呈现出一定的美感和趣味性，让一件衣服更加完美，更加凸显人体的美感。针织毛衫中的线性细节元素可以起到装饰和美化服装的作用。

针织毛衫往往受面料性能的影响，因而在针织服装制作工艺上还需要对针织服装的结构，放松度、缝缉线、衬料等作适当的调整。例如，尽可能用简洁的结构线，少用省道与推、归、拨、烫等工艺，而是根据面料的弹性、悬垂性能选用褶皱等方法处理。

针织毛衫装饰可以充分发挥各类工艺的综合作用，但是工艺种类不要使用过多、过杂，以一两种工艺为主，突出服装装饰的工艺特点而使之协调。在针织毛衫装饰上，要充分发挥工艺特点，顺应工艺流程，注意发挥现代化生产的特点，要强调规格化和组装式的装饰设计。

一、分割线

分割线又称剪切线，它是结构线当中位置最自由、变化最丰富、表现力最强的一种类型。其中，经过人体凹凸面、复曲面的分割线具有省道线的功能。在毛衫设计中，设计师常利用分割线来塑造毛衫的美感，通过对线条曲直、位置、疏密等方面的安排来塑造一定的形式美感和造型风格（图3-7）。

针织服装的分割线是具有结构、装饰双重形制与功能的线条。它通过比例剪割、抽褶收缩、翻折叠和、分层组合等工艺处理方法，达到各种不同的艺术效果。一般常见的分割种类有纵向分割、横向分割、斜向分割、交叉分割、弧线分割、自由分割等。

图3-7　毛衫款式中的分割线

1. 纵向分割

纵向分割是指在平面上做一条竖向分割线，引导人们的视线做纵向移动，从而给人以增高感，同时平面上的宽度感也有所收缩，这是针织毛衫款式分割中最为常见的线条之一。纵向分割具有修长、挺拔、崇高感和男性风格，在女式毛衫上则具有亭亭玉立的感觉。此种分割多用于正式场合穿着的毛衫上，同时因纵向分割具有高度感，最适合矮胖体型的人选用。纵向分割线一般用于结构线、装饰线、装饰结构线和褶裥线，适合直筒式、帐篷式、公主线型和收腰式的毛衫。

2. 横向分割

横向分割是指在平面上做一条水平分割线，引导人们的视线作横向移动，从而使平面有增宽感，也是毛衫款式分割中较为常见的线条。横向分割具有宽阔、平稳、柔和感和女性风韵。在男式毛衫中则具有雄健、稳重的效果。在女式毛衫设计中，横向分割线不仅可作为腰节线，还可以作为装饰线，并通过绳边、嵌条、缀花、蕾丝、荷叶边、缉明线或用色块镶拼等工艺手法，取得活泼、可爱的视觉效果。设计师可以通过突出强调表现横向分割线的艺术视觉效果，使针织毛衫在外观上协调一致。

3. 斜向分割

斜向分割的斜线倾斜程度是决定分割效果的关键。一般可在胸、肩、臀、衣领、衣袖、裙摆等部位做斜向线的分割。斜向分割线具有轻快活泼、动静结合的特点。斜向分割亦可呈对称式或非对称式，具有活泼、轻盈、力度感和动感效果。运用斜线的不同斜度可创造出不同的外观效果，接近垂直线的斜向分割具有增高感，此种分割适用于矮胖者的服装分割；接近水平线的斜向分割具有增宽感，此种分割适用于高瘦者的服装分割；45度角的斜向分割既有轻快活泼感，又能掩盖体型的不足，具有胖人显瘦而瘦人显胖的视觉效果（图3-8）。

图3-8　斜向分割毛衫

4. 交叉分割

交叉分割是指毛衫款式上的两条或两条以上的线相交，把毛衫款式分割成三个或以上的几何图形的线条。交叉分割线的艺术效果是一种视觉上的综合效果，它好比人的动作姿态所造成的各种各样的美感，给人以无穷的艺术魅力和无限的想象力。交叉分割的应用效果多种多样，既有活泼感又有稳重感，设计师可根据实际需求灵活运用（图3-9）。

图3-9　交叉分割毛衫

5. 弧线分割

弧线分割是指通过弯曲线条的规则或不规则的表现形式，把针织毛衫分割成若干几何图形的线条。弧线分割具有柔软、丰盈、温柔感和女性风韵，多用于女式毛衫设计中，能产生优雅别致的视觉效果（图3-10）。

图3-10　弧线分割毛衫

6. 自由分割

自由分割不受纵、横、斜、弧分割类型的影响，可以根据设计师的审美倾向进行自由的分割划分，并达到多种分割自由统一的效果。自由分割包括波状线、螺旋线等较活泼、自由、富于变化的分割线。自由分割具有洒脱、自如、奔放感和多变性。它强调个性，突出风格，是多种分割线的综合运用，设计师可以自由选择配置分割的比例和形式，通过连接、转换使毛衫款式造型更加丰富多彩，但要注意一切分割都需要遵循形式美法则，避免造成比例失调或者线条混乱（图3-11）。

图3-11　自由分割毛衫

二、褶线

褶线并不是由毛衫衣片缝合产生的结构线，而是由毛衫衣片的局部抽缩或打褶而形成的布面凹凸纹理。它常常具有较强的方向性和流畅的线条感。同时，褶线结构会造成衣料的局部增量，使毛衫给人以较强烈的立体感或浮雕感。它是三类结构线中最为优雅、灵活的表现形式。褶线对面料适应人体曲面的余缺处理较为宽松，不像省道和剪切线那样明确，因而显得更加柔和（图3-12）。

图3-12　毛衫中的褶线

三、针织毛衫中的装饰线设计

毛衫的装饰线是指对针织毛衫造型起到艺术点缀及修饰美化功能的线条。按其属性可分为艺术性造型装饰线和工艺性造型装饰线。前者表现为毛衫款式上具有装饰功能的竖线、横线、斜线、曲线、折线、交叉线、放射线、流线、螺旋线等，还有配色线、凹凸线、光影线、图案线、抽象线等；后者表现为毛衫款式上具体的覆肩线、镶嵌线、拼接线、车缝线、手缝线、抽褶线、花边线、拉链装饰线等。装饰线虽然与结构线、分割线紧密相关，但在本质上是不相同的，它是充分体现艺术点缀修饰美化功能的线条，能够增添毛衫款式造型的整体美感（图3-13）。

图3-13 毛衫中的装饰线

四、针织毛衫的局部造型设计

针织毛衫款式的整体是一个统一的可独立品位的对象。但任何一个整体，均由许多局部造型而组成，局部是依附于整体而存在的。整体和局部都有各自的独立性。在针织服装设计中，毛衫造型是包含人体在内的局部造型所组成的一个整体，其中衣领、衣袖、口袋、下摆、门襟以及服饰配件等局部的变化组成了毛衫整体的变化，同时塑造出千变万化的毛衫款式。

1. 领型设计

领子对于实用类针织毛衫款式来说，起着至关重要的作用。针织毛衫领子的式样繁多，造型千变万化。按领子的高度可以分为高、中、低领；按幅度可分为大、中、小及无领；按形状可分为方、圆、不规则领形；按穿法可以分为开门、关门、开关领；按结构则可分为挖领、装领两大类（图3-14）。

图3-14　毛衫领型设计

领型的设计要符合人的体型、脸型、颈部线条、肩部造型、胸部造型等方面。通过领型设计，对人体造型做到扬长避短，使瘦者变得匀称丰满，使较短的颈部看起来更为修长，使人体各部分更为协调美观。

在设计过程中，人的颈部有长有短，一般领口的设计要根据颈部的具体情况而定。颈部较长的，领窝应开得高一点，以升高的领子掩盖颈部的部分面积，进而削弱颈部的过长感，如立领、关门领，或在领口关门处设计装饰物，以及缩短头颈的延伸部位等。颈部短的则刚好相反，领形可设计成坦领、驳领、无领或尽量开低的前开领，增加颈部的延伸感。

衣领的设计还需要考虑其他方面的因素。例如，肩宽的人，领宽也要相应设计得宽一些，以减少小肩部裸露面积；肩窄的，领宽也要窄一些，使小肩与领宽通过宽度的对比显得匀称，或者用荷叶边的装饰手法加宽小肩宽度，造成视觉上的错觉；大V领能使圆脸的人显瘦，变得有精神；胸围大、偏胖者的领型设计要求简洁，领宽和驳口宽度要适中，过宽或过窄都会使人显得更胖，领宽和驳口宽一般为前胸宽的1/2左右；偏瘦者，可采用双搭门或荷叶边，领型和门襟装饰可以设计得丰富一些，使穿着者显得丰满健壮一些；而简洁的罗纹翻领则是适合大多数人的设计。

2. 袖型设计

针织毛衫的袖型与领型一样，在设计中占据非常重要的地位，对毛衫整体效果的影响很大。设计师在设计袖子造型时，必须考虑款式造型和人体的特点，并将两者的设计有效地结合起来，才能设计出适宜的袖型（图3-15）。

袖子按形状可分为以下几大类：普通衬衫袖、铃形袖、灯笼袖、泡泡袖、连袖式、无袖式等。按袖子的工艺可分为：连袖、装袖、插肩袖、无袖。设计师可以通过变化袖子造型提升毛衫的时尚品位。

3. 门襟和下摆的设计

（1）门襟设计

门襟主要用于针织开衫的搭门处，既可扣纽扣、装拉链，又能起到一定的装饰作用。门襟在长短上可分为通开襟和半开襟。通开襟是门襟直开至摆底，半开襟一般为套头衫。毛衫款式中的门襟形式较多，主要呈条带状，门襟所用的织物组织一般为满针罗纹的直路针或2+2罗纹的横路针，也可用1+1罗纹、畦编、波纹、提花等组织。毛衫中门襟的种类很多，归纳起来按造型可分为对称式和不对称式门襟两大类。对称式门襟是以门襟线为中心轴，造型上左右完全对称。这是最常见的一种门襟形式，具有端庄、娴静的平衡美。不对称式门襟，是指门襟线离开中心线而偏向一侧，造成不对称效果的门襟，又叫偏门襟。这种门襟具有活泼、生动的均衡美。

门襟是针织毛衫布局的重要分割线，也是毛衫局部造型的重要部位。它和衣领、纽扣、搭襻互相衬托，和谐地表现出毛衫款式的整体美感（图3-16）。

图3-15 毛衫袖型设计

图3-16 毛衫门襟设计

（2）下摆设计

针织毛衫的底边亦称为下摆，它的变化直接影响到毛衫廓型的变化。下摆线是毛衫造型布局的重要横分割线，在旋律中常常表达一种间隙或停顿。其造型通常有紧身型、A型、H型、O型四大类。针织毛衫的造型设计与毛衫的整个外轮廓造型协调起来，并服从于外轮廓造型。下摆的形式有直边、折边、包边三种。直边式下摆是直接编织而成的，通常采用各类罗纹组织和双层平针组织来形成；折边式下摆是将底边外的织物折叠成双层或三层，然后缝合而成；包边式下摆是将底边用另外的织物进行包边而成的。

　　针织毛衫中裙装的下摆是服装基本面和体的比较特殊的造型内容。它是空间和动态的总和，具有明显的造型特征。按其形状可分为宽摆、窄摆、波浪摆、张口摆、收口摆、圆摆、半圆摆、扇形摆等。按其基本装饰可分为叠裥摆、环形波浪摆、花边装饰摆、开衩摆、缀花摆等。也可以根据流行把下摆进行做破做旧设计，好的下摆设计往往可以成为毛衫艺术的视觉中心，产生优美的动态感（图3-17）。

图3-17　毛衫下摆设计

4. 口袋设计

　　在毛衫上，口袋具有存物和装饰的作用，口袋设计是针织毛衫设计领域中的一个重要组成部分，是时装潮流发展的重要特征。各具形态的口袋造型设计美化了针织服装的款式，增添了情趣感，也提高了针织毛衫的实用性。同时，口袋位置、形态的变化，也使针织服装具有了新奇感。在口袋的设计中，要注意口袋在针织服装整体中的比例、位置、大小、风格等的统一，也就是说，袋型要服从针织服装整体和各部分的需要，成为服装的装饰成分，起到画龙点睛的作用（图3-18）。

图3-18　毛衫口袋设计

在口袋造型设计中，需根据服装服用功能与审美的要求，结合针织服装的领边、门襟边、下摆边、袖口边和整体造型进行构思，同时要运用形式美法则，做到均衡、相称、统一、协调一致。

由于针织面料的特殊性，一般毛衣、薄的针织衫等都不加口袋，而针织外衣则可以适当设计口袋造型。

5. 装饰设计

在针织服装中装饰设计的运用也是非常重要的，镶、嵌、贴等装饰手法在针织毛衫款式中的运用，能够在一定程度上增加其美观性。针织毛衫的装饰手法有：纽扣、拉链、抽条、镶边、刺绣、钩花、贴布绣、开衩等（图3-19~图3-21）。这些装饰配件的选择需要与服装的色彩、款式、服用对象等结合起来考虑，做到既有对比，又有统一协调之感，不可以突兀。

图3-19 作破处理　　　　图3-20 毛线绣装饰　　　　图3-21 藤条装饰

在针织毛衫的构成设计中，设计师既要重视毛衫的前半身，又要重视毛衫的后半身以及侧面的布局，避免造成后半身的单调乏味，前后失调。针织毛衫前后半身的造型，既要有主次变化，又要协调呼应。毛衫后半身的造型布局要根据人体的肩、背、腰、臀、腿等部位的特征，服从服装的整体造型。侧面造型则是表现毛衫立体感的重要部位。

第三节　造型元素在毛衫设计中的运用

点、线、面、体是针织毛衫造型设计的最基本要素，这四大造型要素在针织毛衫上以各种不同的形式进行排列组合，从而产生形态各异的针织毛衫造型。点、线、面、体的概念都是相对而言的。在针织毛衫设计中，应该根据造型元素与周围环境之间或者造型元素相互之间所形成的比例关系来确定其概念。

一、毛衫设计中的点元素

（一）点的概念

点是零次元的非物质存在，表示位置，无方向。设计中的点有大小、形状、色彩、质地的变化，是相对较小的点状物。点是造型设计中最小的、最简洁的，同时也是最为活跃的因素，它能够吸引人的视线，能够引人注目，亦可以成为设计中的视觉中心所在。点在设计中代表了东西的存在，并非仅仅是一个小圆点，也可以是别的形状。造型艺术中所指的点，不是几何学中那种没有面积、只有位置的点。造型艺术中的点既有宽度，也有深度，如毛衫上的扣子、饰品等。在羊毛衫造型中，它是指毛衫上显著而集中的小面积，如毛衫款式中具有装饰作用的纽扣、蝴蝶结、装饰扣及面积小而集中的图案和织物上的圆点纹样等（图3-22）。

图3-22 毛衫款式中的点元素

毛衫款式中的点从形状上可以分为两大类：一种是几何形的点，轮廓是由直线、弧线这类几何线分别构成或结合构成的，如毛衫上的口袋、纽扣等，这种点给人明快、规范之感，装饰味比较浓；另一种是任意形的点，其轮廓由任意形的弧线或曲线构成，这类点没有一定的形状，如毛衫上用软料随意制成的装饰物、包装等。这类点给人亲切活泼之感，人情味、自然味较浓。点是构成针织毛衫形式美中不可或缺的一部分，点的重复可形成节奏，点的组合可产生平衡，点可以协调服装整体风格，点可以使毛衫风格达到统一。

（二）点的形状

1.　几何形的点（图3-23）

几何形的点是由直线、弧线这类几何线分别构成或结合构成的。它给人以明快、规范之感，具有强烈的装饰性。毛衫设计中常使用几何形的点作为整体或者局部的装饰，起到丰富毛衫视觉效果的作用。

图3-23 毛衫设计中的几何形点

2. 任意形的点（图3-24）

任意形的点其轮廓是由任意形的弧线或曲线构成的，这种点没有一定的形状，给人以亲切活泼之感，人情味、自然味较浓。

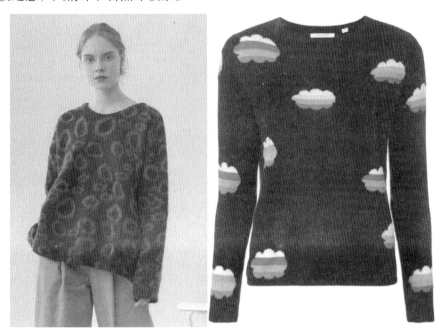

图3-24 毛衫设计中任意形的点

（三）点的位置

1. 局部造型的点（图3-25）

局部造型的点在针织毛衫中会起到画龙点睛的作用，具有比较跳跃、灵活的特点。

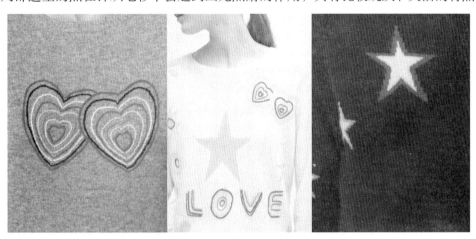

图3-25 毛衫设计中局部造型的点

2. 大面积造型的点（图3-26）

大面积造型的点在针织毛衫中比较有艺术表现力，通常会是一件针织毛衫的设计重点或特色。

图3-26　毛衫设计中大面积造型的点

（四）点的厚度

1. 平面的点

平面的点是指在针织毛衫造型中比较平薄的、厚度不大的点，这类点看上去比较规整、平贴、秀气。

2. 立体的点

立体的点是指厚度较大、有一定体积感的点，立体的点在制作时通常会使用扭曲、翻折、褶裥、层层粘贴或者加填充物等手法，做出很多具有一定维度、厚度的造型（图3-27）。这类点看上去比较厚重，设计师可以通过虚实、疏密处理达到丰富多变的视觉效果。

图3-27　毛衫设计中的立体点元素

（五）点的虚实

针织毛衫设计中点的虚实包括两方面：其一，许多条线并列放置，每一条线都在中间断开，由此形成虚点的集合；其二，由于点的材质和制作方式不同，形成点的虚实变化。

（六）点的大小

在针织毛衫设计中，不同大小的点组合会给人千差万别的心理感觉。设计师可以通过改变点的大小来塑造各种视觉效果的毛衫。

（七）点的数量

1. 单点

在针织毛衫设计中充分利用单点要素的造型作用，能够强调针织毛衫的某一部分，起到画龙点睛的作用［图3-28（1）］。

2. 两点

两点出现在同一个图形中，视觉效果会比单点丰富得多，两点间距不同，位置不同，给人的感觉会不同［图3-28（2）］。

3. 多点

多点排列在针织毛衫中使用可以强化针织毛衫的设计。数量较多或大小不一的点组合在一起，就会给人以活泼感、层次感［图3-28（3）］。

（1）一点　　　　　　　　　（2）二点　　　　　　　　　（3）多点

图3-28　毛衫设计中点的数量

（八）点的间距

点的间距指点在针织毛衫上排列的远近疏密。点的排列疏密结合、远近适当，可以增加服装的形式美感。

（九）点的表现形式

1. 辅料表现的点

纽扣、珠片、线迹、绳头等都属于辅料类的点的运用（图3-29），这类点兼具功能性和装饰性。

图3-29　毛衫设计中辅料点的运用

2. **饰品表现的点**

小手袋、胸花、丝巾扣、人造花等属于饰品类的点。

3. **工艺表现的点**

刺绣、图案、花纹等属于工艺点的要素。

二、毛衫设计中的线元素

（一）线的概念

在几何学上线是指一个点任意移动时留下的轨迹，点的移动轨迹构成线。线有位置、长度及方向变化，没有宽度和深度。但是造型设计中的线可以有宽度、面积和厚度，还会有不同的形状、色彩和质感，是立体的线。线本身是没有感情和性格的，但造型艺术中的线加入了人的感情和联想，线便产生了性格和情感倾向。线也是构成形式美不可或缺的造型元素，线的组合可产生节奏，线的运用可产生丰富的视觉效果和视错感，设计师可以通过分割强调比例，可以通过排列产生平衡。线的形态千姿百态，运用在针织毛衫设计中可取得不同的设计效果（图3-30~图3-32）。

图3-30　毛衫设计中的线元素（一）

图3-31　毛衫设计中的线元素（二）

图3-32　毛衫设计中的线元素（三）

（二）线的形状

1. 直线

直线具有硬直、单纯的性格。直线有垂直线、水平线和斜线之分。

2. 曲线

一个点做弧线运动时形成的轨迹就是曲线，曲线在自然界中普遍存在。

3. 虚线

虚线是由点串联而成的线，具有柔和、软弱、不明确的性格。

（三）线的位置

1. 局部造型的线

在针织毛衫设计中线经常用于针织毛衫的边缘设计。局部使用线的位置比较随意。

2. 大面积造型的线

大面积的线造型配合材质特性、色彩、形状、粗细等方面设计因素，往往比较有设计特色（图3-33）。

图3-33　毛衫设计中大面积造型的线

（四）线的粗细

1. 线的宽窄

线的宽窄对针织毛衫也有很明显的影响，宽线条给人比较随意、跳跃、刚硬的感觉，细线条给人隐蔽、柔和、优雅的感觉。

2. 线的厚度

（1）平面的线

即在针织毛衫造型中比较平贴的线，这类线看上去比较规整、大方。

（2）立体的线

指有一定厚度和体积感的线，立体的线通常会使用层叠、堆砌、扭绞、搓捻或者加填充物等手法形成（图3-34）。

图3-34　毛衫设计中立体的线

（五）线的虚实

线的虚实也有两种表现。一是线条本身是虚线或实线；二是线条形式的面料是厚实或不透明的，给人比较"实"的感觉，线条形式的面料是轻薄或透明的，给人"虚"的感觉。

（六）线的间距

指线在针织毛衫上排列的远近疏密。在进行线的排列时，一定要合理安排间距，同时也要结合线条的粗细、形状等因素，以增加针织毛衫的形式美感。

（七）线的长短

不同长短的线条会给人不同的感觉，短线条显得干脆利落，长线条显得柔美飘逸，长短线条搭配使用时可增加针织毛衫的空间层次感。

（八）线的表现形式

1. 造型线表现的线

针织毛衫设计中的造型线包括服装的廓型线、基准线、结构线、装饰线和分割线等，还有出于美的需要而运用的各种装饰线条。装饰线条可根据设计需要和设计心情自由发挥，而且一般不太会受工艺的限制。因为针织面料本身所具有的特性，决定了它不宜采用复杂的剪裁分割线和过多的缉缝线。

2. 工艺表现的线

运用嵌线、褶裥、镶拼、手绘、绣花、镶边等工艺手法，以线的形式出现在针织毛衫款式中的构成元素。

3. 服饰品表现的线

在针织毛衫款式中能体现线性感觉的服饰品主要有挂饰、腰带、围巾、包袋的带子等。

4. 辅料表现的线

针织毛衫款式中，表现线性感觉的辅料主要有拉链、子母扣、绳带等，其兼具服装闭合的实用功能和各种不同的装饰功能（图3-35）。

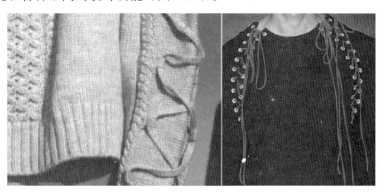

图3-35 毛衫设计中的辅料线

三、面元素在针织毛衫中的应用

（一）面的概念

面是线的运动轨迹，是有一定广度的二次元空间。几何学里面可以无限延伸，但却不可以描绘和制作出来。针织毛衫造型设计中的面可以有厚度、色彩和质感，是比"点"感觉大、比"线"感觉宽的形体。针织毛衫造型设计中的面是可以制作出来的。面是相对而言的，在视野上要通过线围起来，被围的部分叫作领域，领域边缘存在着轮廓线。如果用线围起来的部分被别的轮廓线包围或分割，就产生了别的领域，这两个领域之间就产生了不同的内容，形成不同的面（图3-36）。

图3-36　毛衫设计中的面元素

（二）面的形状

1. **直线形的面**

通常长方形、正方形和三角形被称作直线形的面。直线形的面具有明确、简洁、秩序性的特点，用在针织毛衫设计中可以呈现出干脆、利落和现代感。

2. **曲线形的面**

圆形、椭圆形等被称作曲线形的面。圆是最单纯的曲线围成的面，在平面形态中极具静止感。

3. **随意形的面**

由自由曲线圈出的面就是随意形的面。随意形的面随意、自如、轻松，充满情趣。

（三）面的大小

在针织毛衫设计中，衣片是组成毛衫款式的基本元素，不同大小的衣片组合会增加毛衫的视觉层次。

（四）面的虚实

面的虚实主要是通过不同厚薄的面料或面料的肌理效果来表现，与线的虚实类似。

（五）面的表现形式

1. **图案表现的面**

针织毛衫设计中经常会使用大面积装饰图案，而且图案往往会成为一件服装的特色，形成视觉中心。

2. **配饰表现的面**

针织毛衫款式上面感较强的配饰主要有非长条形的围巾、装饰性的扁平的包袋、披肩等。

3. 工艺表现的面

用工艺手法在针织毛衫上形成面的感觉，是许多针织毛衫设计中经常采用的手法。

四、体元素在针织毛衫设计中的应用

（一）体的概念

体是面的移动轨迹和面的重叠，具有一定广度和深度的三次元空间，点、线、面是构成体的基本要素。针织毛衫设计中的体可以是面的合拢，与点、线的排列集合等。毛衫设计上的体有色彩、有质感（图3-37）。

图3-37 毛衫设计中的体造型

（二）体的形状

设计中的体可以是面的合拢或点、线的排列集合等，比如面的卷曲、重叠或合拢形成的体，点线的排列集合、点线构成的内部空间也会形成体。

（三）体的大小

大小不同的体在针织毛衫款式中可以表现出笨重、厚实、突兀、活泼等感觉。造型比较夸张的裙身或大的零部件、配件通常会有一种稳重感。

（四）体的虚实

体的虚实主要根据形成体的元素和方式而定。

（五）体的表现形式

1. 衣身表现的体（图3-38）

针织毛衫衣身的整体经常会使用宽松、浑圆有一定体积感的造型。

图3-38　毛衫衣身表现的体

2. 零部件表现的体（图3-39）

突出于服针织毛衫整体部位的较大零部件大都具有较强的体积感。

图3-39　毛衫零部件表现的体

3. 配饰表现的体

针织毛衫款式中体积较大的三维效果的配饰如包袋、帽子、手套等都是体造型。

在毛衫款式设计中，点、线、面的设计不是孤立的，而是统一的。只有将毛衫服装的点、线、面有机地协调起来，灵活运用，才能设计出新颖、别致，受人们喜爱的毛衫款式。

课后思考与练习

使用点、线、面、体多种要素来塑造针织毛衫的立体造型，可使针织毛衫的造型表现丰富，可以在造型的空间、虚实、量感、节奏、层次等方面进行多种变化设计。

1. 分别进行针织毛衫的零部件专题训练练习。如以领子为视觉中心设计一组（3~5款）针织服装；以门襟为视觉中心设计（3~5款）针织服装；以袖子为视觉中心设计一组（3~5款）针织服装等。

2. 如何理解针织毛衫款式中的点、线、面、体之间的关系？尝试寻找典型针织毛衫图片分析理解。

3. 运用点、线、面、体的单一造型要素各设计一组针织毛衫款式。要素表现形式不限，造型特征突出。

4. 运用点、线、面、体多种造型要素的结合方式进行针织毛衫款式设计练习。要求同时使用的造型元素不少于三种。

第四节 针织毛衫款式中造型要素的综合应用

一、单一造型要素的使用

指在整件针织毛衫或针织毛衫的某一部位只使用一种造型要素。单一要素结合是指在整件服装或服装的主要部位只使用一种造型要素。通过单一要素在大小、方向、体积、数量、面积、位置上的变化，结合色彩、材质的对应使用，取得造型上的统一感和视觉上的整齐感。

1. **优点**

单一要素的结合在视觉上会给人一种秩序感和统一感。在比较严谨正规的毛衫中经常使用单一要素的组合，在毛衫设计中极易形成协调感，使毛衫非常优雅大气。利用单一要素通常是通过重复、穿插、层叠等排列形式，在毛衫整体感中找到灵活的因素，丰富毛衫的造型表现。比如体造型的运用，用虚实处理方法分布在毛衫的下摆、肩部等，这种表现方式在造型上一般不会出现太强的视觉冲突感或烦琐感。

2. **缺点**

单一要素的结合，容易使毛衫造型显得单调和死板，如果运用不够恰当，就会造成一种元素的堆积罗列，过于生硬，流于俗套。所以在运用单一要素进行设计时候，更要讲究形式上的美感和韵律感，将同一要素进行大小、形状、色彩、材质上的不同变化，从中寻求与众不同的设计。

二、多种造型要素的结合

多种要素结合是指在整件毛衫或毛衫的主要部位使用多种造型元素，使用点、线、面、体多种要素来塑造服装的立体造型，可使服装的造型表现丰富，可以在造型的空间、虚实、量感、节奏、层次等方面进行多种变化设计（图3-40）。

图3-40　多种造型要素的综合运用

1. 优点

用点、线、面、体多种要素来塑造毛衫的立体型，可进一步丰富毛衫的造型语言，并且可以弥补某些造型或结构上的不足。毛衫造型中，线的纤细稀疏可由面对空间的包围来弥补；面的空洞单调又可以用点、线的凹凸起伏来丰富；点的单一可通过线、面、体的组合围绕来丰富设计感。多种要素的结合使用可以使造型的空间、虚实、量感、节奏、层次达到和谐与统一，使得毛衫产品具有艺术感染力。

2. 缺点

多种要素的结合运用如果不符合形式美原则，或者生搬硬套多种元素，就会使毛衫造型显得比较平淡呆板，没有视觉中心和设计亮点，甚至使整件毛衫显得烦琐，没有美感，这是初学设计的人最易犯的毛病。设计者由于没有对造型元素做深入的研究，仅从形式上觉得许多元素都不错，都想拿来用在自己的设计中，结果连自己都搞不清楚想要表达什么。多种要素并用一定要有主次之分、相互协调，使每一种元素都有其形式美和设计内涵，并能够突出视觉中心。

总之，通过各种造型要素的变化并加以综合运用，我们就可以得到千变万化的毛衫款式造型。在设计针织毛衣的过程中，既要合理地运用和发掘可以美化设计的装饰手段，又要避免过多的装饰对针织服装造成装饰堆砌的效果，一切装饰手法的运用要根据设计的主题和原材料的基本性能加以选用。更需要考虑的是装饰工艺的选用要符合针织服装的特点，例如装饰品是否破坏了服装的结构、是否影响弹性、洗涤后的效果如何等。否则，不但达不到装饰的目的，甚至还会影响服装的整体设计效果。

点、线、面、体造型元素是毛衫设计中的基本元素，任何毛衫款式都离不开这四种元素的应用，四种造型元素的单一应用或组合应用，再配合不同面料、色彩、工艺、配饰和其他设计元素，就可以设计出变化多端的服装造型。每一种造型元素在毛衫设计中具有什么样的造型特点、有哪些表现形式、如何在设计中具体应用，以及不同的造型元素或同一造型元素不同的组合方式适合用于哪些品类等，这些都是毛衫设计师所要掌握的基本常识。

思考与练习

1. 运用点、线、面、体的单一造型元素各设计一组毛衫款式。
2. 综合运用点、线、面、体造型元素设计一系列毛衫款式。

第五节　毛衫款式细节的设计视点与设计方法

一、毛衫款式细节设计视点

1. 位置

细节设计处于毛衫的哪个位置是一个非常重要的问题。廓型完全相同的两件衣服也会因为细节设计的不同而呈现完全不同的风格特征，或新颖巧妙、或中规中矩、或怪诞离奇等，可见细节设计的重要性。以下三款毛衫就是以形式活泼的图案细节来塑造引人注目的视觉中心（图3-41）。

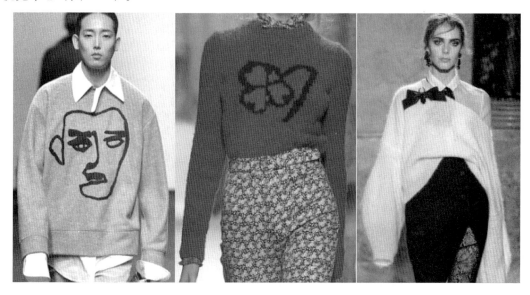

图3-41　毛衫款式设计中的视觉中心

2. 形态

在内部细节造型确定的情况下，采用何种形态的材料也是颇为讲究的。例如，决定在毛衫款式上使用方形口袋，那么这个口袋是平的或是有褶皱，采用透明材料还是不透明材料，都会给观者带来不一样的视觉感受。两个相同造型的部件，由于使用的面料不同或者色彩不同，都会传递出不同的设计风格。

3. 工艺

许多细节设计的巧妙之处在于其工艺手段的精巧，因此，工艺手段是毛衫款式细节设计中必须重视的设计视点。设计一个零部件，首先要看工艺是否可以传达其视觉效果。同样的细节造型会因为工艺的不同而影响其视觉效果和设计风格，设计师需要把握工艺细节来达到设计要求。设计师可以运用毛衫的一些特色工艺来巧妙地表达设计构思，如利用针法的变化，从而设计出千变万化的毛衫款式以满足不同消费需求（图3-42）。

图3-42 毛衫款式设计中的组织肌理变化

4. 附件

在毛衫细节设计过程中，巧妙运用附件强调细节也是一个很好的设计手法。许多设计师往往会忽略服装附件的结合运用，针织服装附件的种类很多且各具功能，恰当地将附件结合到毛衫细节设计中，不仅增加服装的功能，也会增加视觉美感。毛衫中常用的附件有：绳带、纽扣、拉链、标识牌、扣子、挂件等（图3-43）。廓型较为普通的毛衫，加了附件和装饰后会增加视觉美感。

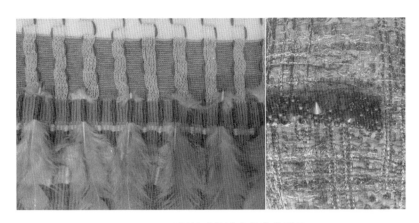

图3-43　毛衫款式设计中的装饰附件

二、毛衫款式细节设计方法

1. 变形法

变形法是指对针织毛衫款式局部细节的形状进行改变处理，即把原有细节造型作为设计原型进行一些符合设计意图的处理。用形象化的动词来形容的话，即进行扭转、拉伸、弯曲、切开、折叠等处理，原有形状将会随之改变。

2. 移位法

移位法是指对设计原型的构成内容不做实质性改变，只是做移动位置的处理（图3-44）。在一件毛衫款式中，口袋是一个局部造型，在不改变其造型的情况下，将口袋移到新的位置上，便有了设计意义。如果是一个有袋盖的口袋，在不改变其造型的情况下，将袋盖移动到新的位置上，也具有了创新的设计意义。从某种方面来说，移位法既简单又容易出效果，关键是看设计师的眼光，是否能够在有限的空间里发现既合情理又具有新意的点子。

图3-44　毛衫款式设计中的移位法

3. 实物法

实物法是指用服装材料在实践过程中直接成型。实物法类似于立体裁剪，但它是有限的立体裁剪，由于细节造型一般比较小，甚至有些零部件的平面感很强，不需要在人体模型上完成，许多东西可以在平面状态下完成。因此，在操作上比外轮廓的直接造型法要简单很多。

4. 材料转换法

材料转换法是指通过变换原有毛衫款式细节的材料而形成新的设计。材料是影响设计风格和效果的重要因素之一。有时我们会看到某些设计中值得借鉴的细节设计的形状或技法等，但是由于其设计要求与目的的差异性而不能直接挪用，这时就可以通过变换材料的手法将其运用到新的设计中形成巧妙的设计。如一些颇具创新的机织服装细节就可以转换成针织服装细节。材料转换是一个形成新设计的简单方法，仅仅是通过转换材料就可以形成许多富有创意的设计（图3-45）。作为毛衫设计师，在进行设计时不应仅仅局限于毛款款式，可以借鉴其他材质面料的设计优点，为自己所用。

图3-45 毛衫款式设计中的材料转换法

在已定的外轮廓下，毛衫选用的设计细节也是非常重要的，设计手法能较好地表现出毛衫款式风格。

三、毛衫款式细节设计的具体手法

1. 分割与拼接（图3-46）

分割与拼接是指将毛衫的各个构成元素分离开来，或者将各部分秩序打乱后再进行重新组合、拼接。分割设计不仅满足人体的合体度，而且更能满足设计需求。作为拼接的细节设计，可以是异色拼接、异料拼接，可以是不同组织的拼接。在控制比例的同时，将各个元素进行重新认识和整合，从而获得一种新颖、时尚的外观造型，使毛衫更具时尚性。

图3-46　毛衫款式中的分割与拼接

2. 错位与颠倒

错位是指将毛衫的某一具体部位移至其他部位。这种方法具有趣味性，如将毛衫的领部设计成裤子腰部的结构、将领部结构挪用到下摆等，都会得到意想不到的效果。

错位的180°旋转就是颠倒。颠倒是设计手法之一，也最能突出所表现的风格设计理念。所谓颠倒是指用逆向思维的方式进行创意设计，从而得到与众不同的毛衫外观造型。如毛衫内外结构的颠倒，毛衫前后、左右、上下的颠倒、旋转颠倒等，颠倒的概念带来了全新的设计思想和生活状态。

3. 扭曲与缠绕（图3-47）

扭曲是近几年毛衫设计运用较多的一种方法，是指在毛衫造型前将毛衫织物进行扭转变形，然后再用其进行毛衫的造型设计。根据主题和造型的需要，可以对毛衫织物一次扭转或多次扭转，达到需要的效果。缠绕是指一片或多片衣片在人体的支点处，如头部、肩部、胸部、腰部等部位进行包裹缠绕的造型方法。这种方法来源于人类早期的穿衣文化，呈现一定的原始风貌，从而带来了全新的视觉感受，最重要的是为穿着者提供了二次设计和自我再创造的机会。

图3-47　毛衫款式中的扭曲与缠绕

课后思考与练习

1. 以装饰手法为主要设计手段进行一系列（3~5款）毛衫专题设计。

2. 利用毛衫的卷边性特征进行设计练习。

3. 毛衫设计中的异料镶拼设计手法需要注意哪些事项？以异料镶拼为设计手段进行系列（3~5款）毛衫专题设计。

4. 试着用错位与颠倒设计手段设计一系列毛衫款式。

第四章　毛衫款式设计的形式美法则

第一节　何谓形式美

一、形式美的概念和意义

所谓美是经过整理，在有统一感、有秩序的情况下产生的。秩序是美的重要条件，美从秩序中产生。把美的内容和目的除外，只研究美的形式的标准，叫"美的形式原理"。

美的形式原理纯粹地研究美的原理，可以使问题相对单纯化。美的形式原理具有普遍意义，是对作用于普遍意义上的美感的研究，应用范围十分广泛。

与其他事物相比，毛衫的形式美并不仅仅是一种单纯、外在的纯形式，它更多的是毛衫的外在表现。针织服装形式美就其具象而言，应当包括社会环境美、和谐协调美、服饰设计美、装饰工艺美、面料色质美等。此外，在毛衫款式设计时所运用的艺术规律，如反复与交替、对比与统一、对称与均衡、节奏与旋律等，都被视为服装的抽象形式美。

二、何谓审美体验

美是事物打动人心的特质。当我们面对某件事物，被它吸引，进而凝神地注视或者聆听，并从心里产生某种亲近、愉悦、感动、舒畅、精神亢奋的感觉时，就是正在经历一种审美体验。

第二节　形式美原理及其在毛衫设计中的应用

美的形式原理是纯粹地研究美的形式感，即要符合什么规律或定式，事物才具有美感。这是从普遍意义上对美感的认知与研究，可以使复杂的美学研究相对单纯化。形式美原理基于美的产生。古希腊哲学家柏拉图认为："美从秩序中产生"，即美的产生首先要符合秩序的要求，秩序是美感产生的最重要条件。这一观点比较符合设计中关于形式美原理的基本要点。

按照19世纪德国著名心理学家、美学家弗希纳（G.T.Fechner）的理论，可以把美的形式原理概括为几条，分别是：反复与交替、渐变与旋律、比例与分割、对称与平衡、对比、强调与协调、统一。下面分别介绍这些形式美原理在针织服装中的运用。

一、反复与交替

同一个要素出现两次以上就成为一种强调对象的手法，称为"反复"。反复既要使要素保持一定的变化和联系，又要注意使要素之间保持适当的距离。反复的间隔过于接近，就会显得过于统一；反复的间隔过于隔离，就会显得过于疏远。交替是反复的变相，两种以上元素轮流反复时称为"交替"。毛衫的图案设计中经常使用反复、交替。在毛衫的不同部位经常出现造型、颜色、图案的反复，以产生节奏感（图4-1）。

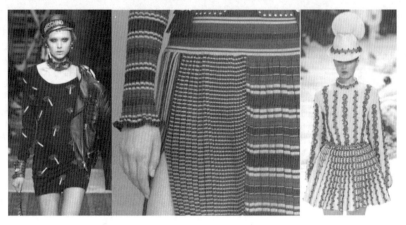

图4-1 反复与交替

二、渐变与旋律

渐变是指设计元素按照一定的顺序逐渐地、阶段性地递增或递减的变化，当这种变化按照一定的秩序，形成一种协调感和统一感时，就会产生出美感。渐变运用在毛衫款式设计中能够产生优美而平稳的效果。运用色彩渐变形成层次感是毛衫设计中经常运用的手法（图4-2）。在毛衫款式设计中，造型元素由大渐小、由小渐大、由强减弱等都会形成渐变。渐变也可以用在多件针织服装的主题设计中，形成毛衫款式与色彩的渐变，产生丰富的视觉效果。

图4-2 色彩渐变

旋律又叫律动，是音乐的术语，在毛衫款式设计中，是指毛衫款式造型元素有规则的排列，人的视线在随造型元素的动感和变化中产生了旋律感。在毛衫款式设计中，纽扣排列、波形褶皱、缝褶等造型技巧的重复具有重复旋律（图4-3）；毛衫裁片的层层重叠、多重拼接，或者色彩在针织毛衫中的渐变具有层次旋律（图4-4）；针织衣服的自然褶皱、裙裾下摆的自然摆动具有流动旋律（图4-5）；伞形褶裙、喇叭裙褶皱等其他向外展开的设计则具有独特的放射旋律（图4-6）。

图4-3　重复旋律　　　图4-4　层次旋律　　　图4-5　流动旋律　　　图4-6　放射旋律

三、比例与分割

世界上任何一件整体统一的事物，都是由一个或几个部分组合而成的，整体与部分或部分与部分之间都存在着某种数量关系，这种数量关系叫作比例，是由长短、大小、轻重、质量之差产生的平衡关系。比例美是这种数量关系的比较时产生的对比美，在造型设计中，用极佳的比例创造优美的造型，可以使审美在数量尺度上达到完美和统一。换而言之，美在物体中，往往都存在着优雅的比例。

比例是人所感知和意识的客观存在。比例通常是利用恰当的数理关系来影响人的视觉感官。分割就是人们依照这类理想的比例关系达成的具有一定审美效果的行为方式，两者的作用实际是密不可分的。当时的数学家毕德哥拉斯发现的黄金比例（1∶1.618）曾先后被应用于许多著名的建筑与雕塑中，遗留至今的雅典巴特农神殿和米罗岛维纳斯雕像等所展现的整体与局部的造型关系，无不具有这类刻意分割的和谐比例之美。

毛衫设计中的比例分割，往往需要凭借审美的经验，根据实际人体的比例特点来把握。一方面遵照惯用的审美比例原则作分割，另一方面依据特有的审美倾向来营造，以便形成良好的服装款式效果。比例是毛衫设计中最为常用的形式美原理，毛衫的设计中到处可见比例美的存在。在多件服装的搭配中，比例用来确定毛衫内外造型之间的数量位置关系、毛衫的上衣长与下装长的比例以及服装与配饰之间的搭配比例；在单件毛衫中，比例用来确定多层次毛衫各层次之间的长度比例、针织服装上分割线的位置、局部与局部之间的比例、局部与针织服装整体之间的比例；此外，比例还用于确定服装与人体裸露部分的比例关系。在毛衫设计中采用适当的比例分割，将会得到比例美的特征（图4-7）。

图4-7　毛衫设计中色彩的比例关系

1. 毛衫与人体的比例分割

毛衫式样的比例分割，在很大程度上是以人体的比例结构为基础的。例如：横向的，以颈线、胸线、腰线、臀线、膝线等为基准的比例分割。纵向的，垂直经过人体结构的中心线、胸点所做的二等分及四等分的比例分割。提高腰节、显示上体短下体长的衣装比例。减少宽度、增加长度来表现身高修长的衣装比例。毛衫覆盖人体（遮露颈、胸、肚、腰、臀、腿、脚和手的面积）多与少的比例（图4-8）。

图4-8　毛衫与人体的比例关系

2. **不同面积或不同量的色彩与质地的比例分割**

毛衫款式的设计，一般是根据和谐适当的比例准则，将毛衫的整体与细部、细部与细部之间的长短、宽窄、大小、粗细、厚薄等的因素，组成美观适宜的比例关系。例如，毛衫的衣领、衣袖、口袋、袋盖、分割裁片等与整个衣身的色彩质地的比例分割。毛衫的边饰、线饰、带饰、胸饰、腰饰、褶饰等与衣身的色彩质地的比例分割。毛衫的上衣与下衣、内衣与外衣色彩质地的比例分割（图4-9）。

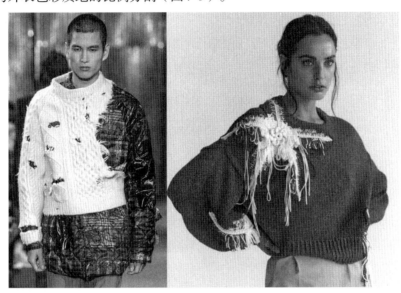

图4-9　不同面积或不同量的色彩与质地的比例分割

四、对称与均衡

对称的形式历来被当作一种大自然的造化类型，遍布于大大小小的物象形态之中。这些物象形态包括树的枝叶排置、花的放射分瓣、禽鸟虫蝶鱼贝兽类的形态构造，以及人的骨骼、四肢、手脚、五官的结构设置等，它们都显露出对应完美的对称态势。平衡原指物质的平均计量，如天平两边处于均等时，就获得一种平稳静止的感觉，我们说天平保持了一种平衡状态。在力学上，平衡是指重力关系，但在造型艺术中则是感觉的大小、轻重、明暗以及质感的均衡状态。平衡，包含对称的性质，非常容易构成造物形量之间对比和谐的稳定关系。平衡主要是通过绝对对称和相对对称的形式来体现的。绝对对称的形与量的比例平分均等，具有庄重沉稳之感；而相对对称的形与量的比例则不完全均等，但在视觉上造成均衡感，带有生动活泼的意味。

对称与平衡，可以说是毛衫设计中最为常见的表现形式，这主要是因为受到了对称的人体以及自身的心理与视觉条件的限制。

在毛衫设计中，平衡是指构成毛衫的各基本因素之间，形成既对立又统一的空间关系，形成一种视觉上和心理上的安全感和平稳感。平衡是色彩搭配比例、面积及体积比例等的重要原则。

对称与平衡源于大自然的和谐属性，也与人的生理、心理及视觉感受相一致，通常被作为美的造型原理和手段运用于具体的针织服装设计中。

1. 毛衫中的对称平衡

毛衫中的对称平衡，需要以一条中轴线（或门襟线）为依据进行设置，以便使衣装的左右两侧部分呈现"形量等同"的观感。例如，毛衫中的衣领、衣袖、衣袋、衣身、衣摆、衣褶上的线形、色彩、图案、质地的对称平衡。毛衫中的结构线、装饰分割线、缝缉线等的对称平衡。毛衫的纽扣、系带、系结、饰物、花边、饰边等配饰在数量及大小上的对称平衡。毛衫的整体之间和局部之间的对称平衡（图4-10）。

图4-10　对称与均衡

2. 毛衫的非对称平衡

毛衫的非对称平衡，同样需要在以中轴线（或门襟线）为准制造的视觉稳定的基础上，寻求比较自由、活泼、变化的设计效果。例如，毛衫的衣领、衣袖、衣袋、袋盖、衣身、衣褶等局部呈现的线形、色彩、图案、质地的不对称平衡。毛衫的衣身、衣肩、衣摆等整体的线形和质地的不对称平衡。毛衫的结构线、装饰分割线、镶嵌包边线等的不对称平衡。毛衫的饰扣、结带、挂缀、边饰等配件饰物的数量与大小的不对称平衡（图4-11）。

图4-11　不对称毛衫款式

五、对比

对比，是大自然与人为造物中的"量"本身或与其他物体形态之间存在的差异关系。对比的形式在艺术及设计中的运用非常普遍。毛衫设计中的对比因素包括许多方面，其中像色彩、图案、质感、线条、配饰等各种因素成分的增加与减少，都会形成不同的对比效果。

1. 色彩对比

色彩对比是指各种色彩在构图中的对比，有同类色对比、邻近色对比、中差色对比、互补色对比等。同时亦有毛衫色彩的冷色与暖色、深色与浅色、对比色、邻近色、同类色等色彩间的对比（图4-12）。对比或强烈或轻微，或模糊或鲜明，但无论哪种对比都会比单色的应用视觉效果要强烈很多。

图4-12　毛衫的色彩对比

2. 材质对比

材质对比是指在毛衫上运用性能和风格差异很大的面料，使之形成对比，以此来丰富产品的视觉效果。如毛衫材质的厚薄、粗细（图4-13）、硬软、滑糙等的对比。材质对比在视觉上和手感上均有一种刺激效果。

图4-13　材质粗细对比

3. 面积对比

面积对比主要是指各种不同色彩、不同元素的面积在构图中所占的量的对比。面积的大小会对人的感受产生很大的影响。如毛衫的条格、花纹等图案在整体或局部中形成的不同方向、面积的对比。

4. 造型对比

在毛衫设计中，造型对比是指造型元素在毛衫廓型或结构细节设计中形成的对比关系，如廓型上的差异对比、造型元素排列的疏密对比、水平线条与垂直线条的横竖对比或简洁的大造型与丰富的装饰形成的简繁对比等，如毛衫的肩、领、袖、胸、腰、臀、衣摆等构成的廓型，以及口袋、袋盖、结构、装饰分割等组成的线形对比（包括宽窄、长短、曲直、凹凸的线条及方形、圆形、三角形等的对比）。

5. 整体与局部对比

毛衫的纽扣、系带、挂饰、花边、饰边等配饰与整体衣装的对比。毛衫的整体与局部、局部与局部的色彩和线形等的对比。

六、强调与协调

强调，是毛衫设计中经常使用的形式美原理之一，它类似于统一原理的中的中心统一。强调使人的视线从一开始就落在被强调的部位，因此能够突出重点，使设计更具吸引力和艺术感染力。被强调的部分经常是设计的视觉中心。强调设计可以集中人的视线，还可以掩饰人体或设计中的某些缺点。

毛衫设计中的强调可以通过强调主题、强调工艺、强调色彩、强调材料、强调配饰等来突显服装的视觉中心，体现设计创新之处。强调经常用在不同风格毛衫设计中突出不同的风格（图4-14）。强调还经常被用在毛衫款式的某些部位，用来补正人体的缺陷或者强调人体的美感。通过不同的强调形式会取得不同的效果。例如，若想突出女性胸部的美感，可以运用强调的手法凸显胸部的款式细节来彰显女性的人体美。

图4-14 强调

　　毛衫设计中的强调多着眼于局部上的点缀，施以相应的设色、图案、质料、线条、形状和配饰的对比成分，重点突出服装中的某一方面或部分，形成画龙点睛的装饰效果。

　　协调，是自然界万物统一的基本形式，也是人为造物的依据。在人视觉审美的感受中，各种造物形态的协调感所具有的舒缓温情最易于被接受，并对艺术及设计的表现产生有重大影响。协调的规律在毛衫设计中的作用，主要是将有关色彩、面料、形态、装饰、工艺等造型因素进行合理的空间或位置的安排与调整，以便使衣款的各因素之间、主次之间的关系高度和谐，形成美观悦目的效果。

　　毛衫设计也经常要寻求一定的对比效果，以便获得生动夺目的式样表现。运用强调与协调的原理，可形成针织毛衫款式上先扬后抑、或扬或抑的表现，其中局部的点缀以及整体的协调都是经典常用的有效设计手段。

　　1. **毛衫设计中的强调**（图4-15）

　　采用局部点缀法：毛衫设计中的领、肩、袖、胸、腰、衣袋、衣褶等局部的点缀；纽扣、系结、系带、佩饰、花边、饰边等配饰的点缀。

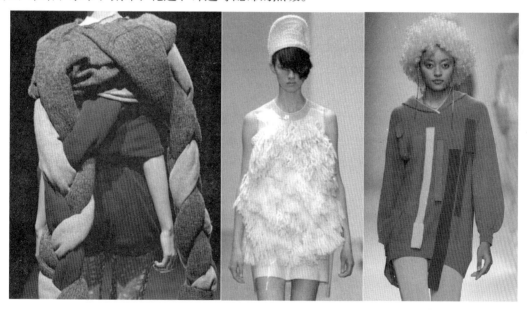

图4-15　强调

　　采用部分突出法：毛衫设计中棉、麻、绸、纱、皮、毛、金属（图4-16）、塑料、草料等不同质料的突出；冷色、暖色、暗色、亮色、素色、艳色等不同色彩的突出；领边、袖边、门襟边、口袋边、外形轮廓线、内形结构线、装饰分割线、缝缉线、包嵌线等线条的宽窄、粗细、直曲、凹凸、隐显的突出；具象、抽象等不同规格、形状、排列的花色图案的突出；透、遮、露、披、挂、破、拼接、补缀、绣、贴、染、绘等不同表现形式的突出。

图4-16　毛衫款式中的金属气眼装饰

2. 毛衫中的协调（图4-17）

　　毛衫中的协调包括：同类色、邻近色、对比色等色彩的协调，各种花色图案的协调。毛衫中的领、袖、肩、胸、腰、褶等局部间不同的色、形、质的"量感"协调，外形轮廓线、内形结构线、装饰分割线、包嵌线等线条之间的不同直、曲斜向的协调，纽扣、系结、系袢、系带、胸饰、腰饰、领饰、花边、珠饰、亮片等不同配饰的协调，遮、露、透、披、挂、绣、贴、染、绘、缝、补缀、挖、拼接、镶嵌、盘饰等不同表现形式及工艺手段的协调，整体与局部、前部与后部、上衣与下衣、内衣与外衣之间的协调，各种构成因素的方向、排列等的协调。

图4-17　协调

七、统一

统一是指在个体与整体的关系中通过对个体的调整使整体产生有秩序感。统一也有调和之意，是有秩序的表现（图4-18）。在毛衫设计中，任何一件毛衫都不是一个单独的个体，而是由造型、材料、色彩、纹样等许多个个体共同组成的统一体，当我们判断一件毛衫是否具有统一的美感时，应该看个体与个体之间有何关联，这些个体又如何形成整体。构成毛衫的个体相互统一时，就形成毛衫自身的整体美；它与首饰、鞋帽、发型等统一时，则会构成着装的整体美感，体现着装者的个性和品位特征。

在毛衫的设计过程中，无论是服装本身的统一还是服装与服饰之间的统一，都有一定的手法和尺度。统一的形式主要有三种，即重复统一、中心统一、支配统一。

毛衫设计中的统一首先表现在形态上的支配与统一，指的是从宏观角度控制针织毛衫整体设计，形成整体风格的统一。此外，毛衫设计中上下装的关系、外轮廓与内部结构的关系、装饰图案及部位的关系等都要用统一的原理进行设计。毛衫的任何构成元素都可以成为统一的元素。

图4-18 色彩统一

八、节奏与呼应

从最普遍的意义上讲，节奏是对比因素有规律地交替出现，即不断重复地变动，是一种能够把握时间与空间形态的特殊形式。通过自然或人为的设置，一切生命的呼吸、生长及运动，一切物象的序列、层次及变化，都能够表现为生动溢美的节奏内容。毛衫设计上运用的节奏，主要是吸收、提取自然与人为造物中规律性的重复变动所形成的美感形式。

所谓"呼应"，是节奏韵律的一种表达方式，设计中许多构成因素之间的联系，或持续的反复对应，就是呼应的作用所在。毛衫式样上的节奏感完全顺应了人的赏美天性，通过对各种形式和细节的穿插接应来制造生动的衣装式样。

1. 色彩与质地的节奏呼应

在毛衫的造型中，节奏与呼应较多地体现在有关色彩和质地的反复、层次、渐变等各种配置上。例如：毛衫的衣领、领边、衣袖、袖口、口袋、袋沿、袋盖、门襟边、衣摆边、皱褶等局部之间色彩质地的节奏呼应。毛衫的纽扣、系带、腰带、花边、毛边、皮边等配饰之间色彩质地的节奏呼应。毛衫的整体与局部、面料与配饰之间色彩质地的节奏呼应。针织毛衫款式中的"黑、白、灰"色彩之间的节奏呼应。

2. 图案花色的节奏呼应

毛衫设计中的图案花色，可经一定方向顺序的排列，形成美观的式样效果。例如：毛衫的领部、肩部、袖部、胸部、腰部、门襟处、下摆处、前部、背部等设置的条格、条纹、花纹图案之间的节奏呼应。毛衫衣料本身的横、竖、斜等不同方向顺序的条纹、条格、花纹排列的节奏呼应。

九、视错

视错是指图形在客观因素干扰下或人的心理因素支配下，使观察者产生与客观事实不相符的错误的感觉。视错作为一种普遍的视觉现象对造型设计有着一定的影响，在设计工作及创作艺术中，研究视错的原理及其规律性，合理地运用视错，可以使得设计方案更为完美、富有创意。在毛衫设计中，可以利用视觉的规律来调整服装的造型、弥补体型的缺陷、突显人体的美感（图4-19）。

同样，在毛衫设计中，线条、图案都可以建立起一件衣服的视错。"这件衣服好显身材""这件衣服穿上衣显得皮肤好亮"，这些通俗的表达方式都说出了衣服的视错原理。

1. 尺度视错

尺度视错是指视觉对事物的尺度判断与事物的实际尺寸不相符合时产生的错误判断，又叫大小视错。它包括长度视错、角度或弧度视错、分割的视错、对比视错等四种类型。长度视错是指长度相等的线段由于位置、交叉等环境差异或诱导因素不同，使观察者产生视觉上的错视，感觉他们不相等。角度或弧度的视错是指由于周围的环境因素不同使得相同的角度或弧度看起来并不相等。分割的视错是指使用分割作为诱导因素可以使得相等的形态看起来大小不同。对比的视错是指尺度相同的形态，与周围不同的诱导因素对比，会产生大小长短并不相同的视错觉，叫作对比的视错。对比视错表现在面积上尤为明显。另外由于近大远小的透视规律的影响使得同等大的形，由于处于不同的空间位置也会产生视觉上大小不等的视觉现象。

2. 形状视错

形状视错是指视觉对形体的认知与形体的实际情况不相符合时产生的视错。它包括扭曲视错、无理视错。扭曲视错是指由于相关因素或环境的干扰影响，会导致形的视觉影像发生变化，从而是形状发生不同的扭曲现象。无理视错是指由于本身或背景环境的诱导干扰，导致环境的变化或产生某种动感。

图4-19　毛衫中视错原理的运用

3. 反转视错

由于视觉判断的出发点不同使得图形本身或图形之间产生矛盾反转，或者感觉局部形成时凸时凹的感觉。

4. 色彩视错

由于色彩本身的明度不同或者放置环境不同导致视觉上的错觉。

5. 视错在毛衫设计中的作用（图4-20）

（1）纠正人体缺陷

视错对纠正人体有着非常重要的作用，合理地运用视错，可以突出人体优点，同时也使缺点不那么显眼。简单地说就是人体的长短、粗细、正斜的问题，对形体缺陷的纠正就是通过服装视错的原理运用使之看起来更加完美，比如，使短的看起来长一点、长的看上去短一点，或者使粗的看上去细一点、细的看上去粗一点。通常长度错视、分割错视、角度错视以及对比错视在服装设计中的运用比较多，而且对人体纠正的效果也比较明显。视错对人体的纠正可分为对脸型的纠正和对体型的纠正。

图4-20 错视原理在毛衫设计中的运用

（2）脸型的纠正

在毛衫设计中，领形与领围线是对脸形最有影响的部分，合适的领围线或领子可以掩盖脸形本身的缺点，使得脸形看起来更加完美。比如盆底脸、船形脸、一字领、圆领等，这些领形使得圆脸脸型更宽更胖，但却可以使细长脸型显得柔和而有活力。如V形领、U形领或椭圆形的领子等，深领口或具有纵向分割的细长领口会使脖子露出的部分较多，对比之下有使脸显小的感觉。深领口可使圆脸、胖脸显得细长，瘦长脸更加瘦长。

人的脸型是多种多样的，并不单纯是宽或窄的概念，甚至有些脸型是不端正的。因此在进行具体领形设计时要灵活运用各种领形，要综合使用横向与纵向视错效果，还要考虑配饰的利用，以达到在视觉上弥补缺陷的目的。

（3）矮胖体型的纠正

在设计中，垂直线比水平线更具显长显高的效果，因此在毛衫设计中应尽量采用纵向分割。合理利用分割或分配是设计中纠正体型缺陷的重要手段。在同一个画面中，斜线要比直线显得更长，因此采用A形线或V形线也可以取得在视觉上显得瘦长的效果。

此外，对于矮胖体型的人来说，应尽量避免使用横向扩张的面料，多使用悬垂感和飘逸感较强的柔软的面料，少使用太过厚重的面料。在毛衫款式上以简洁为主，尽量避免烦琐的抽褶、装饰和宽下摆。

色彩也是极易造成视觉错视的设计要素。众所周知，深色系使人看起来更加瘦小，亮色系则不太适合胖人穿。

（4）瘦长体型的纠正

对于体型太过瘦长的人来说，可以在裁剪上多使用横向分割，横向分割的面积要宽且大，如使用宽下摆、宽腰带、横向拼接，将腰围线的位置稍微上提等。同时，可以多采用一些装饰物，如褶皱、灯笼袖、填充物等材料，增加服装的体积感。

在面料的选择上宜采用厚重且具有横向张力的面料，避免使用悬垂性感太强、太贴身的面料，但也不要使用太过厚重又笨重感的面料，否则服装本身空间感太强，与人体形成对比，则人就显得更加瘦小。

（5）肩形的纠正

高低肩的纠正，并不是所有人体的体型都是对称的，有的人左右两边的肩膀高低不同。除了采用最直接的将较低一端的肩部垫平或者在款式上夸张肩部设计让人感觉不到肩部的缺陷以外，设计师也可以利用视错原理来使人产生错觉，在视觉上将两边的肩部拉平。

（6）改变原有视觉效果

视错还可以改变原有的视觉效果，反转视错、扭曲视错和无理视错特别容易取得这样的视觉效果。如一件普通合体的毛衣，如果用的是具有抽象光学效果的印花面料，就会让人感到人体和服装都产生了变形或者觉得服装产生了运动的感觉。

（7）利用错视复归心理，形成设计视觉中心

错视经常会有出其不意的视觉效果，这种效果经常被面料设计师或者针织毛衫设计师运用到设计中以形成视觉中心。

思考与练习

1. 如何在具体毛衫设计中正确地运用分割和体现合适的比例关系？

2. 毛衫款式设计中节奏与呼应的作用是什么？如何把握？

3. 为什么说对称与平衡是毛衫款式设计的关键因素？

4. 对比与错视是制造生动服装效果的重要方式，如何恰当地运用？

5. 如何在设计过程中处理好强调与协调的关系？

6. 如何理解设计原理在设计实践中的特性及作用？

第五章　毛衫产品设计

近年来，针织服装作为服装的重要分支，以其款式多变、穿着舒适、体现时尚与品位而日益受到人们的青睐。随着科技的进步和加工水平的提高，新原料、新工艺加上服装设计诸多元素的应用以及人们消费观念的转变，毛衫目前正向外衣化、时装化、个性化、艺术化方向发展，特别是女装这种变化表现得越发明显，这就对毛衫设计人员提出了更高的要求，要求其设计出款式大方、新颖、色泽入时、穿着舒适美观，体现出消费者个性和品位的毛衫。影响毛衫设计风格的因素有很多方面，设计师只有完全掌握针织设备、材料、工艺、技术方面的知识，充分了解市场以及产品消费对象，灵活运用诸多要素，才能在设计手法上有所创新，进而设计出经久不衰的毛衫作品。

毛衫设计包括毛衫设计总体原则、毛衫设计基本要素、毛衫细节设计与表现、毛衫装饰设计与表现等内容。对毛衫分类的梳理和毛衫设计总体原则的把握，可以帮助设计师明确设计定位、控制整体设计方向。毛衫设计基本要素包括材料、色彩、廓型、配饰等方面，以上都是毛衫设计顺利开展的基本要素。毛衫的细节设计与装饰设计可以增加设计含量、为产品增加卖点，提高产品的溢价能力。

第一节　毛衫设计总体原则

毛衫设计需遵循的总体设计原则包括市场原则、品牌原则、品类原则、流程原则，这些原则对毛衫设计起到引导作用，是设计过程中设计师需时刻把握的关键。

一、市场原则

毛衫设计的市场原则是指毛衫设计首先需要以市场为导向，研究不同市场的消费趋向，研究不同层面市场消费者的需求。对消费者在不同时期、不同层面、不同地域的差异进行调查细分并分析，了解消费者的需求特征和购买行为特征，将其作为设计进行的基础。市场调查的内容包括消费者的社会文化特征（文化群体、社会阶层、家庭地位等）、个人特征（年龄、性别、职业、收入、学历、居住地、信仰等）、生活方式（活动、兴趣和观念）、购买意识、价格认同，以及购买行为等内容。

二、品牌原则

毛衫设计的品牌原则是指在了解市场的基础上，需建立对品牌的认知，进行品牌针对性的设计。针对性设计包括建立在特定的品牌诉求、品牌理念、品牌形象特征下，根据不同的品牌属性特征进行设计，并将这些特征渗透到产品开发、终端的营销推广等环节，以表现品牌鲜明的形象、独特的个性特征，以满足消费者的多元化需求、实现品牌的价值。从设计师的角度来说，在充分了解毛衫品牌设计理念、风格的前提下，再加入流行元素，所设计出的产品才不会偏离品牌所针对消费群体的需求。同时需要分析以往的产品，从中吸取经验和教训，为设计工作提供参考资料。各品牌定位的款式设计如图5-1~图5-3所示。

图5-1　Bottega Veneta　　　　图5-2　Botter　　　　图5-3　Lucien Pellat Fine

三、品类原则

毛衫设计中的品类原则是为了更有效、更合理、更有针对性地结合市场、季节变化、区域差别，进行不同性质、特征的产品开发，以赢得最大的市场份额。毛衫类别的品类区别原则是根据穿着场合、功用、季节变化、性别变化以及产品本身的基本功能进行品牌的划分。

四、流程原则

毛衫设计的流程原则是产品设计管理及控制的保障系统。为了保障产品设计运营的顺利进行，达到设计的最终目的，将产品优质地传输到销售终端，毛衫产品必须根据市场需求进行多类别、多式样、多变化、高节奏、高频率等特点的开发设计，建立相应的毛衫产品开发设计流程。首先，设计流程是为了达到设计目标建立各部门之间的流程关系。同时，为了实现产品的开发目的，建立与产品开发实现有关环节的流程系统，从产品设计主题规划、系列款式设计规划到单款设计、单款设计打样及确认等环节，从面辅料的规划设计、面辅料的开发打样及确认各环节，从设计打样到产品设计标准的建立，不同品牌公司都需建立合适的设计流程系统。一个健全的设计流程是产品开发顺利进行的前提，如果设计流程与运作环节不流畅，将影响到产品开发的顺利性，进而拖延整个产品开发的进程。因此，毛衫设计的流程，大到与各职能间的流程关系，小到设计自身环节的运行流程，都是设计师不可忽略的问题。

第二节　毛衫设计的基本要素

一般而言，把材料、色彩、廓型等称为服装设计的基本要素，这些要素的选择与运用直接关系到最终设计成果的呈现。因此，掌握设计基本要素的设计方法，观察、了解成熟款式中设计要素的运用以及分析其合理性并运用于新产品的开发，是每一位设计师必须掌握的知识和技能。

一、毛衫材料的认知与设计

材料是服装构成的基本要素。了解毛衫材料的基本条件和功能特点，着重理解毛衫原材料的性能，了解材料与服装的关系，是从事毛衫设计的重要环节。作为毛衫设计师必须了解不同的材料任何影响服装的廓型和视觉效果，各种纱线的功能与特点，如何合理地运用材料达到想要的设计效果，作为商品的毛衫如何在材料的选择和设计环节控制成本等内容，这些都是一个设计师必须掌握的知识。

毛衫生产原料，有纯羊毛、兔羊毛、羊绒等。原料产地分别为新疆、内蒙古及国外的澳大利亚、斯里兰卡、阿根廷及乌拉圭。

（一）根据选用原料不同的毛衫分类

1. 羊毛衫

以绵羊毛为原料，是最大众化的针织毛衫。其针路清晰、衫面光洁、膘光足，色泽明亮、手感丰满富有弹性；羊毛衫比较耐穿，且价格适中。

2. 羊绒衫

也称开司米（Cashmere）衫，以山羊绒为原料，是毛衫中的极品。其轻盈保暖、娇艳华丽、手感细腻滑润、穿着舒适柔软；由于羊绒纤维细短，易起球，耐穿性不如普通羊毛衫，同时因羊绒资源稀少，故羊绒衫价格昂贵。

3. 羊仔毛衫

又称短毛衫或羔羊毛衫。羊仔毛国内习惯称之为"短毛"，一般讲应是羊羔毛，羊仔毛是取自出生6~9个月的小羔羊身上的毛，纤维短、软，类似绒毛，长度约为26~27毫米。短毛针织绒线的纺纱原料采用20毫米以上的圆梳短毛，"新短毛"纱则以服装毛为主，掺以少量羊绒、锦纶混纺，以达到羊仔毛衫的毛感强，手感软，牢度较好等特点。

羊仔毛衫常与少量羊绒、锦纶混纺，混入羊绒可提高织品的外观效应和服用性能，混入少量锦纶可以增加穿着牢度。羊仔毛衫一般以平针组织的坯布加绣花，然后缩绒，以女衫为主。

4. 雪兰毛衫

原以原产于英国雪特兰岛的雪特兰毛为原料，混有粗硬的腔毛，手感微有刺感，雪兰毛衫丰厚膨松，起球少不易缩绒，价格低，具有自然粗犷的风格。

5. 兔毛衫

一般采用一定比例的兔毛与羊毛混纺织制，兔毛衫的特色在于纤维细，手感滑糯、表面绒毛飘拂、色泽柔和、蓬松性好，穿着舒适潇洒，穿着中表面绒毛易脱落，保暖性胜过羊毛服装。如果采用先成衫、后染色的工艺（即先织后染工艺），可使其色泽更纯正、艳丽，别具一格，特别适宜制成青年女性外衣。

6. 牦牛绒衫

采用西藏高原牦牛绒为原料，其风格稍逊于羊绒衫，手感柔滑细腻，不易起球，而价格比羊绒衫低得多。但牦牛绒衫色彩单调，宜作男装。

7. 马海毛衫

以原产于安格拉的山羊毛为原料，光泽晶莹闪亮、手感滑爽柔软有弹性、轻盈膨松、透气、不起球，穿着舒适，保暖耐用，是一种高品位的产品，价格较高。

8. 羊驼毛衫

以原产于智利的羊驼毛为原料，纤维粗滑，手感滑腻有弹性、具有天然色素、膨松粗犷、不易起球，保暖耐用，是近几年兴起的一种高档产品，价格高于普通羊毛衫。

9. 化纤类毛衫

化纤类服装的共同特点是较轻。如腈纶衫，一般用腈纶膨体纱织制而成，其毛型感强、色泽鲜艳、质地轻软膨松，回潮率只有0~4.5%，纤维断裂强度比毛纤维高，不会引起虫蛀，但其弹性恢复率低于羊毛，保暖性不及纯羊毛衫，价格便宜，但易起球，适宜于儿童服装。近年来，国际市场上以腈纶、锦纶混纺的仿兔毛纱，变性腈纶仿马海毛纱，其成衫可以与天然兔毛、马海毛服装媲美。

10. 动物毛与化学纤维混纺的毛衫

具有各种动物毛和化学纤维的"互补特性"，其外观有毛感，抗伸强度得到改善，降低了毛衫的成本，是物美价廉的产品。但在混纺毛衫中，存在着不同类型纤维的上染、吸色能力不同所造成的染色效果不理想的问题。

（二）几种针织毛衫主要原料的特点及性质

1. 绵羊毛纤维

在科学技术飞速发展的今天，世界上已经有了许多各式各样的人造纤维。但吸湿、保暖、舒适等主要的性能都无法与羊毛相比。羊毛纤维的外形为细长圆柱形物体，它是由鳞片层、皮质层和髓质层组成的。由于鳞片具有定向性，在一定的湿热和皂液条件下，加上机械外力的搓揉作用，使羊毛纤维具有良好的缩绒性。羊毛纤维的直径在18～42微米之间，纤维越细可纺的支数就高，相对强度也高，卷曲度大，弹性就越好。

较粗的羊毛衣物穿着后会有刺痒感，超细美丽诺羊毛是羊毛中最细的。举例来说，人类的头发为50~60微米，而最好的美丽诺羊毛则可达到11.7微米。通常我们采用的羊毛小于等于19.5微米，羊绒为13~15微米，马海毛为25~30微米，棉为10~14.4微米，真丝为12微米。这样羊毛制成的毛衣不但弹性好，手感也十分柔软细腻，贴身穿相当舒适。它那高贵的、仅次于羊绒的价格和手感，注定了它的产品必定是所有羊毛产品中的上品。

2. 山羊绒纤维

羊绒衫所用的原料——羊绒，是动物纤维中最优秀的一种之一，它主要产自中国西北部、伊朗、阿富汗等温差大、日照长的半荒漠地区生长的山羊。因其产量稀少，品质优秀，素有"软黄金"之美誉。

羊绒是一种纯天然的空心纤维，比羊毛细得多，外层鳞片也比羊毛细腻、光滑。因此重量轻、柔软、韧性好。贴身穿着时轻软、柔滑、非常舒适，是其他任何纤维所无法比拟的。

羊绒不同于羊毛，羊毛生长在绵羊身上，而羊绒生长在山羊身上。一只绒山羊每年产绒仅150~200g，绒毛平均细度多为15~16微米，山羊绒的强伸度、弹性变形比羊毛好，具有细、轻、柔软、保暖性好等优良特性。山羊绒纤维是从山羊身上梳抓覆盖于长毛之下的绒毛所得。绒毛纤维由鳞片层和皮质层组成，没有髓质层。它的平均细度在15~16微米，是羊毛纤维中细度最小的。山羊绒的强伸度和弹性变形比绵羊毛好，因而山羊绒具有柔软、糯滑和保暖好等优良特性，是珍贵的原料。更可贵的是它有天然的颜色，其中以白羊绒最有名。

3. 马海毛

马海毛原产于安哥拉的山羊。毛纤维较粗，属于粗绒毛。表面鳞片少而钝，纤维外观光泽银亮，弹性特好，明显优于羊毛，具有高贵的风格。

4. 兔毛纤维

兔毛是从毛用兔身上剪下来的毛纤维。兔毛纤维颜色洁白，富有光泽，性质柔软，糯滑，且有良好的保暖性。纤维细度多数在10～15微米。兔毛表面鳞片排列十分紧密，无卷曲度，纤维蓬松，不宜纯纺，一般与羊毛、锦纶、腈纶混纺。

5. 驼毛纤维

驼毛纤维实际上是双峰骆驼在脱毛期间梳抓下来的绒毛。毛纤维细长，有天然色泽，呈淡棕色。非常柔软，具有良好的保暖性能，强度大。不宜作纯纺原料，多与高支羊毛混纺。

6. 腈纶（聚丙烯腈纤维）

腈纶具有独特的、极似羊毛的优良特性，手感松软，蓬松性好，有较好弹性。手感与外观都很像羊毛，因此有"人造羊毛"之称。其染色性能好，色彩鲜艳，保暖性强。

7. 混纺纱

一般采用羊毛与腈纶、粘胶等化学纤维或人造纤维按一定比例混纺。它综合两者的优点，并可降低成本。

二、毛衫面料特性在设计中的影响

毛衫面料是由同一根纱线形成横向或纵向的联系所形成的，当一个方向受到拉伸时，另一个方向会产生收缩，因此毛衫面料手感柔软，富有弹性，穿着舒适，随体透气，既能体现在人体曲线，又不妨碍运动，这是许多机织面料服装所达不到的效果。同时羊毛衫面料还具有尺寸稳定性差以及脱散性大等缺点，这直接影响毛衫服装的美观及穿着牢度。

毛衫设计与别类服装设计所不同的是，款式外观具有悬垂、柔软、弹性好等特点，所以廓型设计宜从大处着眼，以直身型与宽松型居多，省缝、切割线、拼接缝不宜过多，一般不使用推、归、拔、烫的熨烫技巧，通常利用面料本身的弹性或适当运用抽褶手法的处理，设计适合人体曲线的服装。如果需要保型，可通过局部加衬或改变原料成分等方法，来改善尺寸稳定性能差的缺点。

三、新材料的使用是毛衫的发展趋势

天然纤维是指自然界生长或从人工饲养的动物中直接获得的纺织纤维，具有良好的透气性、保暖性、吸水性等特点。但传统天然纤维的综合特性不及新型纤维，织成的面料有其缺陷，如抗皱性、表面光泽、亮度等较差，且其织物易皱、不易打理、耐用性差、易褪色、不挺括、弹性差，有些纤维织物在穿着时有刺痒感，并且从可持续发展的角度来说也不及新型纤维环保。

化学纤维是用石油的副产品合成的高聚物为原料提炼、加工而成的纺织纤维，其织物透气性、导湿及排汗性差，易产生静电，不易染色，在穿着方面往往有着容易闷热、不透气、不吸汗、容易褪色、变形等缺陷，生产过程对环境造成较大污染，且受石油资源的限制逐渐衰落。

现如今新原料的开发可分为两大类：一种是新型开发的各类再生天然纤维，比如大豆蛋白纤维、竹纤维、牛奶纤维等，它们都是从天然原料中提取的绿色纤维，在加工过程中污染少，这类纤维可利用各自的纤维特性进行多种多样的组合，以获得更好的服用性能。如大豆蛋白纤维与桑蚕丝、羊绒混纺，牛奶纤维与羊绒、羊毛混纺，竹纤维、棉纤维混纺等。另一种为功能性纤维，是利用高科技手段添加某些成分使纤维达到各种所需功能。如陶瓷纤维、远红外纤维等。

从造型方面来讲，传统材料可塑性、悬垂性较差而不易塑造，加上传统纤维不及新型纤维细腻柔软，针织毛衫本身又具有脱散性，因而不能直接进行立体裁剪。因此，针织毛衫设计使用新材料将会是一种必然趋势。

四、毛衫色彩的认知与设计

色彩是构成针织服装的基本要素，认识色彩，了解色彩与针织服装的关系，是从事毛衫设计的重要环节。作为毛衫设计师必须了解色彩的分类、色彩的性能特质、色彩组合感度，毛衫设计中的色彩组合及运用，以及面向不同消费者如何进行针对性的色彩设计等基础知识。

流行色是指在一定时期和地区内，特别受消费者喜欢的颜色和色系。国际流行色协会等色彩研究机构每年都会对当季流行信息进行分析，在此基础上推出次年的流行色动向预测，通过各种不同的形式向市场发布。流行色受到社会、文化和生活方式等因素的影响。进入二十一世纪，人们的生活观念发生了很多变化，人们关注自然环保，追求新的生活方式，对过去美好时光的追忆，这些方面形成了人们关注的"时尚主题"，流行色的变化常常会围绕这些时尚主题展开。进行毛衫设计时需关注色彩流行趋势，关注色彩流行预案的变化趋势，如去年的色彩预案与今年的色彩预案在哪些方面有明显的变化，哪些方面有细微的调整，然后根据对流行色的变化分析指导产品开发中的用色选择。

五、毛衫廓型的认知与设计

（一）毛衫廓型的基本概念

毛衫廓型指构成一个物体的针织服装作为直觉形象，呈现在人们视野中的外部造型的轮廓特征剪影。毛衫廓型不仅体现出造型特征，同时也是流行的风向标。作为毛衫设计师，为了表现出毛衫廓型的新特点，突破传统毛衫廓型特点，通过吸取传统毛衫廓型的造型设计技能和工艺手段融入创新设计思维，以及通过相应造型构成新的廓型特征就显得非常重要。因此，根据基本造型结构特点，对毛衫廓型进行基本分类，并借助基本廓型的造型结构进行新廓型的造型结构设计表现，是设计师创造新毛衫廓型的主要方式之一。毛衫廓型设计出运用相应的造型技术处理手段，还需合理的面料选择和运用来实现。

（二）毛衫廓型分类

对毛衫基本廓型进行分类，有利于更好地系统化研究造型结构设计，借助基本廓型的造型结构对新造型的结构进行延伸设计。因此，需根据女装基本廓型的结构特点，将针织服装廓型进行分类，可以将基本廓型分为A型、H型、O型、X型、Y型等。毛衫的廓型变化是利用基本廓型结构特征，通过原结构转变，利用放量、收量的结构变化手法，对整体或局部进行造型变化，形成不同特征的新造型。毛衫新廓型的形成过程就是造型的过程，然后设计师需合理地选择合适的面料和辅料，达到预想的新廓型形态。作为毛衫设计师必须具备一定的立体造型设计能力，具备一定的针织板型设计认知，才能进行不同的廓型创新设计。

第三节 毛衫细节设计与表现

毛衫的细节设计也就是毛衫的局部造型设计，是毛衫廓型以内的零部件的边缘形状和内部结构的形状。毛衫的细节设计可以增加其实用性，也能使其更加符合形式美原理。从细节设计中还能看出流行元素的局部表现。更重要的是，细节设计处理是否得当，直接体现设计师的设计功力。针织服装设计发展至今，由于毛衫本身不易塑形等原因，在外部廓型上没有多少创新余地，而细节却可以变化多端。设计师可以借此寻找突破口，使设计独具匠心。

一、毛衫边口细节设计

针织面料都具有易卷边、易脱散、尺寸不稳定等不足之处，可利用这些特点反弊为利对毛衫的领口、袖口、裤口、门襟和下摆等边口进行独特装饰设计。卷边性虽然给针织服装的设计和加工带来了很多不便，但设计师可以利用这种卷边性，将其应用到毛衫的局部，设计出别具一格的装饰效果。

（一）利用卷边特性的细节设计

毛衫的卷边性虽然给毛衫设计和加工带来了很多不便，但是经过巧妙处理，也可以成为针织服装的视觉中心。设计师通常利用卷边这种特性，用装饰手法将其应用到毛衫的领口、袖口、裤口、口袋口、下摆和门襟等边口处，甚至将卷边特性作为组织肌理二次面料再造应用于毛衫中，这种卷边设计方法既能使针织款式具有独特的装饰性，又能提高工艺性能、降低成本（图5-4）。

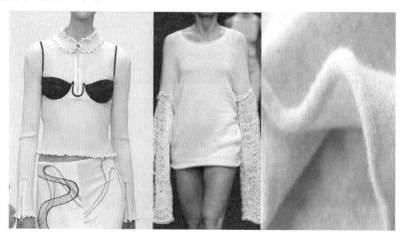

图5-4 利用卷边效果设计的毛衫

（二）绲边、加边及缝迹的细节设计

如将领、袖、门襟、下摆全部采用绲边工艺加以修饰，绲边材料可与大身相同或使用罗纹等其他织物，既能使衣边平服，又能使整体造型生动。另外，靠纱线纵向或横向联系的拉伸性好的针织物，会因脱散性导致织物稳定性差，尺寸更易变形。在毛衫设计中可以利用这个特点，借助这种较强的拉伸性特点，采用绲边和加边的手法使衣服达到平服或别致的装饰效果。

对于较为轻薄的针织物，可采用弹性好、防止脱散并且有一定装饰作用的线迹进行处理，有金属光泽的金银线的使用可得到比较好的效果，处理领口、袖口、下摆等边口呈现波浪花边，都可使细节更加精致。

（三）罗纹饰边设计

罗纹高弹性不仅具有功能性，同时也有较好的装饰效果。通常是将不同的罗纹组织设计到毛衫的领口、袖口、裤口以及下摆的位置，充分发挥毛衫产品的实用价值和审美价值。还可以将罗纹织物与非针织面料结合（图5-5）。

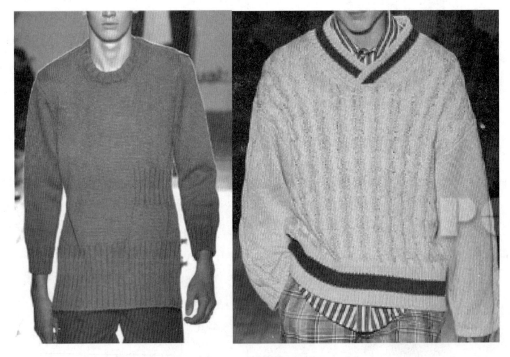

图5-5　罗纹饰边毛衫

二、毛衫衣片的细节设计

（一）褶裥设计

褶裥是毛衫艺术造型的主要手段之一，它可由复合组织来构成，也可以通过后期缝合来实现这种效果。褶裥具有一定的装饰作用，也具有塑形的特点，能给毛衫带来一种凹凸不平的韵律和立体感（图5-6）。

图5-6　毛衫中的褶裥的设计

（二）分割线设计

因为毛衫织物具有脱散性，一般在毛衫的设计中很少采用分割线，为了打破固有模式，可以在那些比较厚、强度比较好、悬垂性差的毛衫中适当采用分割线设计，并且可在分割线处加荷叶边、绲边、嵌条、细褶等处理，增添毛衫的动感。

三、做旧、做破设计

采用撕裂、打磨、涂抹、拆散等手法对毛衫进行破损设计。例如，在符合形式美法则的前提下，对拆散的大小、部位以及距离等方面进行考量，在针织服装的肩部、前胸或下摆处等位置做局部拆散处理，可设计出不同风格的毛衫（图5-7）。另外，还可进行局部挖空处理，在其边缘用绲边固定，突出毛衫的某个局部特征。

图5-7 毛衫的做旧设计

四、开衩设计

开衩部位通常位于下摆和袖口。开衩可使一件保守的毛衫顷刻间具有活泼的"表情"（图5-8）。

图5-8　毛衫的开衩设计

第四节　毛衫装饰设计与表现

毛衫的装饰设计是指运用相关设计手段对针织服装进行装饰，而不改变其造型的设计。毛衫装饰设计可以分为图案装饰设计、造型手段装饰设计、材料装饰设计等。毛衫装饰设计运用的手段主要包括刺绣、印染、编结等。装饰设计可以为毛衫设计产生丰富的款式结构变化。

在工艺毛衫中装饰手段的运用非常重要，可以在毛衫衣身、领口、袖口、下摆、门襟等部位增加装饰效果，也可以用拉链、纽扣、水钻、珠片、布片、木头、贝壳、花式线等装饰品对简洁的毛衫进行增色；也可应用印花、刺绣、钩花等手段增加毛衫的设计特色，使毛衫风格时尚化、个性化，常用的装饰手法有绣花、贴花、印花、手工钩编、成衣染色等。

除此以外，后整理中成衣染色等手法都是毛衫细节设计。作为毛衫的细节设计，其变化特点都要呼应整个毛衫的设计及外轮廓造型风格，再结合不同设计手法，细节处理及装饰手法等，这样设计的毛衫才完整统一，才能增加毛衫整体美感，提高产品的市场竞争力。

一、拉链装饰

拉链在近年毛衫设计中已成为使用频率最高的休闲运动装元素之一。如在素色的毛衫上加一条装饰拉链，不仅能起到连接衣片的作用，而且能对服装的效果起到画龙点睛的作用。拉链既是一种连接件又是一种装饰品与工艺品，它对提高服装档次起着重要作用。毛衫上所用拉链的色调，宜选取与其面料相同或相近的颜色，以使主料与辅料色泽和谐形成浑然一体的装饰效果（图5-9）。

图5-9　拉链装饰

二、流苏、荷叶边装饰

在细柔妩媚的毛衫上装饰极富女性气质的流苏、荷叶边来演绎性感自由的波西米亚风格最为合适，在细节上运用流苏的设计也是毛衫重要的装饰手段（图5-10）。

图5-10　流苏、荷叶边装饰

三、纽扣装饰

纽扣、扣襻、背带集功能性与装饰性于一身，使平淡的毛衫有了鲜明的个性。纽扣是针织服装中不可缺少的部件，除了具有扣紧、固定毛衫的实用功能之外，还能起到一定的装饰作用。由于纽扣在毛衫上常处于较显眼的位置，正确选择纽扣，可产生画龙点睛的效果（图5-11）。纽扣的材料主要有贝壳、金属、木头、塑料、皮革、骨头、陶瓷、布料等。纽扣的种类也极多，如暗扣、搭扣、四合扣、衣钩、拉链、卡子、系带等。不同材质和种类能够突出毛衫的不同风格。纽扣的选择与服装的功能、造型风格、整体尺寸有关。如瘦小紧身或半紧身的衣服常用数量较多的纽扣或中等大小的纽扣；而宽松大衣则不必配很多纽扣，宜配稍大的纽扣，并与大衣的尺寸相适应。

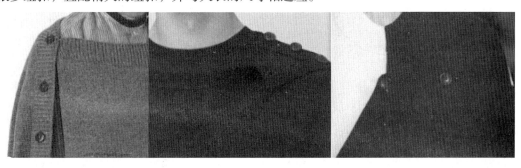

图5-11　纽扣装饰

纽扣是服装的重要组成部分，它不仅仅具有实用功能，还具有装饰功能。毛衫中用到的纽扣按作用可以分为三大类：一是主要发挥实用功能的纽扣。二是主要发挥装饰功能的纽扣，例如金属牌、爪式装饰扣、胸花、别针等。三是实用与装饰功能并重的纽扣，其纽扣的样式和色彩为毛衫增添了一分美感，又有固定服装的作用。

四、刺绣、蕾丝装饰

刺绣、蕾丝设计是毛衫设计中常用的手法（图5-12）。富有民族气息和手工感的刺绣，使普通的毛衫个性十足。常用的刺绣手法有平绣、雕绣、抽绣、珠绣、板网绣、贴花绣等。在领口、袖口、门襟、下摆等部位添加蕾丝花边，可使毛衫女装更添女性魅力。

通过手绣或机绣均可获得各种花形图案来装饰毛衫。刺绣通常多用毛线绣、绒线绣、丝绣和金银丝线绣等种类。同时在丰富花形图案基础上，结合手工钉珠镶亮片的珠绣和饰片绣，或使用细而柔软的饰带进行折叠或抽缩成一定的造型镶嵌于衣物表面的饰带绣，体现出唯美的洛可可艺术风格。

蕾丝又称花边，是用来装饰衣裙等的一种镂空装饰物，多为经编织物。常用于衣领、袖口、口袋、裙边等处，宽的、窄的、尼龙的、棉制的、纯色的、杂色的、有弹力的、无弹力的蕾丝花边都使毛衫变得有特色。

图5-12　刺绣、蕾丝花边装饰

五、连帽设计

连帽的使用是服装与配件统一的完美典范。而在毛衫中连帽设计是细节装饰的一个重要手法。根据其不同风格的表现，在设计连帽装饰时可以选择不同的帽形、材质、纱线，还可以根据毛衫整体的配饰进行设计（图5-13）。

图5-13　连帽毛衫

六、印染

印染是毛衫装饰设计中的另一个门类。印染可以分为印花和染色。根据工艺不同，印花又可分为丝网印花、辊筒印花、转移印花和数码印花等。染色可分为直接染、防染、蚀染和型染。根据各种印染的不同特点，结合图形可以产生不同的效果，现代毛衫设计中常将印染与后处理工艺结合起来使用，产生丰富多变的设计效果。

（一）染色

通过给成衣或者衣片染色，使之呈现独特、丰富的色彩效果，如渐变、局部染色等，一般以手工染色为主，具有较浓的手工韵味。目前运用在毛衫上的染色方法主要有以下几种。

1. 手绘

手绘是一种运用画笔、色料在面料或成衣上将事先设计好的或者在头脑中形成的图案绘制出来的服装整理方法。毛衫上手绘的表达方式很丰富，如水彩画的效果、装饰画的效果、国画工笔的神韵、写意画的意境等。手绘可直接将创作者的艺术思维和理念表达出来，也可将制作者的艺术技巧更加充分地表现出来，避免了印花制板的限制，色彩的运用也较随心所欲、丰富多彩。很多染料和颜料都已实现品种齐全、色泽鲜艳、色牢度好等特征，这为手绘艺术提供了发展的空间。

手绘的艺术特点和优势决定了其在表达设计中的地位和作用，其表现技巧和方法带有纯粹的艺术气质，在设计理性与艺术自由之间对艺术美的表现成为设计师追求永恒而高尚的目标。在毛衫上手绘，可采用纺织纤维颜料或者专业手绘颜料进行创作，题材众多，可根据不同风格的主题设计进行手绘图案表达（图5-14）。

图5-14　手绘装饰毛衫

2. 扎染与蜡染

扎染是利用线、绳等工具，将待染材料以不同的扎结方法扎制，然后经过浸水、染色、解扎、整烫等工序而形成扎染作品。蜡染是用蜡进行防染的印染方法：将溶化的蜡液用绘蜡或印蜡工具涂绘或印在面料上，蜡液在面料上冷却并形成纹样，然后将涂绘或印蜡的织物放在染液中染色，织物上涂绘或印蜡的纤维被蜡层覆盖，染液不能够渗入，因而不被染色，其他没有涂绘或印蜡的部位则被染料着色，织物脱蜡后形成图案。

在进行毛衫设计时，可以采用单独扎染、单独蜡染和扎染+蜡染三种方式。对图案的处理既可是写实的，也可是抽象的，甚至是随意的，根据服装的风格而定。

除了手绘、扎染、蜡染之外，还有很多其他手工染色技法，如泼染、盐染、吊染、喷染等，它们各自形成独具特色的艺术效果，都是毛衫二次设计的方法（图5-15）。

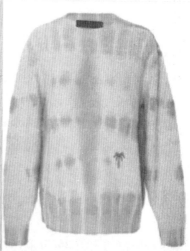

图5-15　印染手法

（二）印花

印花是指用各种染料或颜料，局部施加在纺织品上，使之获得各种花纹图案的加工过程。不同的织物所采用的印花色浆及印花工艺是不同的，应该结合面料特点选择。目前用于毛衫印花的技法主要有涂料直接印花、拔染印花、防染印花、转移印花、泡沫印花、浮雕印花及数码喷墨印花等。

1. 涂料直接印花

涂料直接印花是印花生产中最价廉的印花方式，这是因为涂料的印制相对简单、方便，所需的工序最少。涂料印花的工艺流程一般为印花、烘干、固色，印花后通常不需要汽蒸和水洗，经固色后衣片可以直接缝纫，而不会造成毛衫变形。涂料直接印花的优点有：涂料的色谱齐全，日晒牢度较高，不易变色，可印深浓的颜色；涂料印花轮廓清晰、精细，容易拼色，能印制精细线条花样；涂料全部被黏合剂包覆在织物上，后处理时无沾污白地的疵病。同时，黏合剂成膜容易，印花过程较短，还可以印白涂料。

2. 拔染印花

毛衫拔染印花的工序较直接印花复杂，但能够获得底色丰满、花纹细致、色彩鲜艳的效果。其坯布底色染料多是偶氮型结构，具有拔白性。

3. 防染印花

毛衫防染印花与其他织物防染印花的原理、工艺过程是一样的。

一是活性防印剂印花。在毛织物上先印上并固着活性防印剂，然后在染色机中匹染，在固着活性防印剂的地方，染料不上染。一般多选用无色的活性染料作为活性防印剂。理想的防印效果是要得到防白印花和着色印花的效果，但目前活性防印剂印花还达不到这个要求，只能做到浅色罩印的程度。

二是染料络合防印剂印花。染料络合防印剂印花是一种最新的防印印花方法，目前很受重视。其基本工艺为在毛织物上首先印着HighZitt配液，然后简单罩印底色，随后常规烘燥和汽蒸显色、固色。

4. 转移印花

转移印花是将预先印好的花形图案转移到织物上的印花方法。由于转移印花是将染料印于纸上，故印刷图案的质量和变化远比毛衫直接印花优良、复杂和迅速。而且，转移印时不需要增调剂和某些印花色浆添加剂。转印后的织物不必水洗和烘燥。转移纸疵品造成的损失远低于毛织物直接印花造成的损失。适用于毛衫转移印花的方法有热升华转移印花、熔融转移印花和湿法转移印花。

转移印花与常规印花相比，产品图案清晰、套色准确、层次丰富、花形逼真、风格别致。它能印制常规印花无法印制的艺术性高的花形图案，并且特别适用于成衣印花以及工艺品、旅游用品的开发，能满足不同消费者的个性化要求。

5. 泡沫印花

泡沫印花使用毛刷辊筒、圆网印花机或平网印花机。泡沫通过吹气和搅拌的方法获得，采用混合发泡剂。这种印花方法印出的花形清晰，遮盖力较好，质量好，印花速度较高，烘燥快，能量消耗少。

6. 浮雕印花

所谓浮雕印花，也称浮雕整理，一般称作雕刻花纹，是时装的一种表面整理加工方法。主要应用于需要缩绒的粗纺毛衫上。浮雕的效果不是织造出来的，也不是"烂花"，而是使用丝网印刷机，将某种设计花纹通过使用防缩整理剂配制的色浆印于织物上，焙固使之结合，形成局部防缩，然后进行缩绒。通过缩绒，未印上防缩色浆的织物绒毛丛生，产生丰满的绒面，而印上防缩色浆的织物组织虽经过缩绒，但仍旧保持着织物的原状，这样就形成了由绒毛组成的类似浮雕效果的主体图案。加上起绒毛地方的织物组织也随着绒毛回缩，未起绒毛地方的织物组织还保持着原状，这样又形成了组织密度的不同，更加强了织物的浮雕效果。

7. 数码喷墨印花

数码喷墨印花是将印花图案通过数字形式输入计算机，经编辑处理，再由计算机控制喷头把染液直接喷射到织物上形成图案花纹的印花工艺。它成本较高，设计要求高，对墨水的质量要求高，但色彩数量不受限制，无需做筛网，从而节约了时间，生产灵活，印花品质高档，利于环保。

七、编结

编结是毛衫装饰设计中的一大门类，是传统手工艺的一种，它以各种线绳交叉的方法显示图案。编结包括棒针编结、钩针编结、线编结等几种形式，这些编结的不同类型是运用不同点的工具、不同的材料，最终形成不同的效果。现代毛衫设计中常将传统的编结工艺大量运用到产品设计中，设计师可以将传统编结工艺技术结合新材料的运用，创造出多样的装饰设计效果（图5-16）。

图5-16　编结手法的运用

八、钉镶装饰

钉镶设计是利用钉镶珠片、亮片、针等小的装饰物件，直接在针织毛衫面料上进行造型，彰显了手工制作的魅力。这种手法常运用于衣领、门襟、袖口和衣片等醒目位置，以不同的装饰物件和不同的排列组合进行钉镶设计，使针织毛衫有了千变万化的效果，简朴风格的毛衫转化为华丽风格的毛衫（图5-17）。经过钉镶设计，可以使一件普普通通的针织毛衫焕然一新，为针织毛衫服用者赋予优雅含蓄和活泼生动。

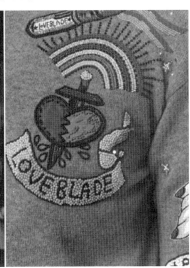

图5-17　钉镶装饰毛衫

九、图案装饰

现今的毛衫品牌研发，装饰材料的混合使用成为一种流行，在应用装饰手法前，通常要先设计一个相关的图案，图案是毛衫设计的关键表现形式。通常可分具象图案和抽象图案（详见第七章图案设计）。

具象图案分为植物图案、动物图案、人物图案（图5-18）和风景图案四种，应用较为广泛的是植物图案，通常也叫作花卉图案，可表现多种风格，也是消费者最能接受的图案。动物图案、人物图案和风景图案在毛衫产品中应用非常少，动物图案主要应用在儿童毛衫产品上，而风景图案则更少。抽象图案主要有几何图形（图5-19）、线条和色块等，在毛衫设计中应用较多，时尚、简约的风格更能迎合年轻人的喜好。

图5-18　人物图案　　　　　　　　　　　　图5-19　几何图案

在一个图案中应用多种材料及多种手法，所完成的装饰就会极具层次感、内容更加丰富，更能提升毛衫的价值感。如一组绣花图案，可先选用印花，在印花的基础上加绣花、珠片、珠管、立体花，还会用到不同的绣花线及缎带等材料，完成的绣花风格呈现时尚感和多样化。

十、花卉装饰

花卉图案作为一种设计要素，一种艺术装饰，近些年来随着自然风的流行，更加风靡设计界，给我们的生活带来情趣，并体现其内在价值。花卉装饰集众多花卉的造型、色彩以及结构精华，经过变化和浓缩体现其造型的多样性，常以其新颖的外观给人以视觉上的美感。花卉装饰可以使服装具有活泼、优雅、柔和的美感，局部的花卉设计，使毛衣整体显现出浓郁的浪漫主义风格。浪漫主义主要体现在回避现实、崇尚传统的文化艺术、追求中世纪田园生活情趣或非凡的趣味和异国情调，有一种神秘浪漫的气氛。而田园风格崇尚自然，反对虚假的华丽、烦琐的装饰和雕琢的美。花卉装饰设计从大自然中汲取设计灵感，取材于树木、花朵等一切生物，使作品充满自然的色彩，表现出大自然永恒的魅力，这正符合了浪漫主义风格的要求。采用不同色相的花卉对比组合以及强烈的色彩对比组合，使花卉装饰看上去更艳丽、更强烈，有置身于百花园，悠闲、浪漫、充满遐想的意境。

在毛衫款式中应用较多的花卉装饰有印花、手绘花卉、立体花卉，也可以采用混搭装饰手法，如烫钻、珠绣、布贴、切割、绗缝及填充物，以及多种装饰元素的混合，让花卉图案呈现出别样的视觉外观。花卉图案因其极强的装饰性及多变性，成为设计师青睐的设计元素（图5-20）。较之于机织服装，毛衫中花卉图案的表现更加丰富多彩。

图5-20　花卉装饰毛衫

十一、绳带装饰

绳带是一种用机织或针织方法形成的窄条织物。传统绳带有纱质、绸质、缎质等，毛衫设计中应根据装饰风格进行选择。另外，还延伸了一种质地为绒质的丝带，这种丝带用在毛衫上更加高档美观，多用于毛衫后领扒条或袖口下摆等处的扒条。也可放在醒目位置，系上蝴蝶结或其他任意造型，有一番别样的风格。

绳带的设计广泛运用在毛衫的设计中，例如在有连帽设计的毛衫中，绳带有收缩帽檐且装饰毛衫的作用；用绳带对服装进行抽缩产生褶的效果；在下摆编织细绳，并加以缝合形成穗的效果；在服装上相互串联形成装饰等等。其中绳带的材质也是多种多样的，如直接毛线编结，皮革制作；手工编织绳、打结绳和机织装饰绳（图5-21）。用线将绳带固定在毛衫的表面称为绳绣，其常利用绳带的弯曲、反转等来做出图案并固定于毛衫表面，在毛衫的绲边和镶边装饰上经常使用。

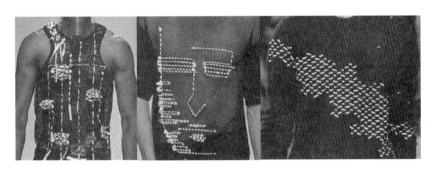

图5-21 绳带穿梭毛衫

十二、抽带和系带装饰

抽带和系带在毛衫上的运用大都是实用功能与装饰功能为一体的，常常能通过一条小小的带子营造出意想不到的多种效果。抽带和系带用于装饰女式毛衫，其风格是极具女性化的。用于抽带、系带的材质多数是缎带，缎带不但色彩繁多，而且有许多种宽度的选择，还可以把缎带折叠或收缩，抽碎褶固定制成花蕊状，使得绣出来的图案栩栩如生、立体感强。有的设计将缎带和起孔织物相结合，将缎带穿入织好的衣片上预留的针孔中，形成一小节一小节缎带穿插其中的外观。还有的设计将缎带分段编入毛衫中，留出两头的部分在外，形成穗状的外观，别有新意。

十三、异料镶拼装饰

设计师可以利用不同质地、不同外观的异料组合搭配，塑造不同的视觉效果。在毛衫的衣领、前襟、袖口等部位采用钉珠片、织带、纽扣、嵌花、花边等辅料进行装饰设计。

异料镶拼是利用面料的不同性质、不同外观效应，通过合理地组合，使服装既具有实用功能，又兼具装饰效果。在时尚毛衫设计中，常有以不同色彩针织物组织组合的异色镶拼，由于组织结构和色彩的变化使服装显得生动、活泼，给人以明快感。有以针织毛衫主体与机织面料或皮革镶拼，汇集不同材质的特性于一体，使毛衫在质感、肌理上均发生较大的对比变化，不仅丰富了毛衫的装饰效果，还迎合时装新潮，产生高雅、优美或豪放的装饰风格（图5-22）。

图5-22　异料镶拼毛衫

　　常见的镶拼设计手法有：毛衫+针织、机织布；毛衫+皮革、裘皮；毛衫+丝绸以及毛衫与其他新型材料的混合设计。其中，皮革可以为毛衫衬托出复古和怀旧的情怀，丝绸则体现了针织服装整体的飘逸与柔美。在拼接过程中，设计师需要考虑因拼接材料厚薄、弹性的不同而产生的皱缩问题、色牢度不同而产生的沾色问题。

　　毛衫装饰设计中，由于材料、手法、运用位置等不同，会产生完全不同的视觉效果。设计师如何将装饰元素有机地运用到毛衫设计中，这需要我们用一种与时俱进的态度去观察、发现、研究和分析，总结毛衫装饰设计手法的特点和创新运用的方法，与流行元素相融合，使其在毛衫设计中得到充分的表现。毛衫细节设计指对毛衫的某一部位进行设计表现，以增加服装的设计含量。毛衫细节设计可以分为工艺细节设计、装饰细节设计和局部造型细节设计。在产品设计中，细节设计可以为毛衫产品增加卖点，成为该款式的点睛之笔。

　　总之，通过各种细节装饰方法本身的变化和相互之间的综合运用，可以得到千变万化的装饰效果。在设计毛衫的过程中，既要合理地运用和发掘可以美化设计的装饰手段。又要避免过多的装饰对服装造成装饰堆砌的效果。装饰手法的运用要根据设计的主题和原材料的基本性能来选用。更加需要考虑的是装饰工艺的选用要符合毛衫的特点，否则，不但达不到装饰目的，甚至还会影响服装的整体设计效果。

第五节　毛衫的风格设计

一、认识服装风格

　　风格是指艺术作品的创作者对艺术的独特见解和与之相适应的独特手法所表现出来的作品的面貌特征。服装风格是指一个时代、一个民族、一个流派或一个人的服装在形式和内容方面所显示出来的价值取向、内在品格和艺术特色，是服装整体外观与精神内涵相结合的总体表现，能传达出服装的总体特征。一个企业、一个品牌必须通过营造富有个性的品牌形象和独特的产品风格而具有市场竞争力。

二、毛衫的主要风格类型

（一）休闲风格

休闲风格毛衫设计随意但富含趣味性，裁剪易于穿着。服装线形自然，装饰运用不多，外轮廓简单，搭配随意多变，强调多种搭配性，针脚牢固、结构和工艺以及细节多变化性（图5-23）。面料以天然纤维为主，经常强调面料的肌理效果或者面料经过涂层、亚光处理。配以尼龙搭扣、抽绳、罗纹、缉线、商标等装饰。色彩比较明朗单纯，具有流行特征。

图5-23 休闲风格毛衫

（二）经典风格

经典风格毛衫比较保守，讲究穿着品质，不太受流行左右，追求严谨而高雅（图5-24）。衣身大多对称，廓型以直筒为主，少用省道与分割线以蓝色、酒红、白色、浅粉、紫色等沉静高雅的古典色为主。面料多选用传统的精纺面料，花色以传统的彩色、单色面料居多。装饰细节精致，比如服装局部装饰有绣花、领结、领花等。

图5-24　经典风格毛衫

（三）运动风格

借鉴运动服装设计元素，廓型以直身为主，比较宽松，造型宽松，穿着舒适，多用插肩袖。分割线多使用直线与斜线，会较多运用块面分割与条状分割。经常使用装饰条、橡筋、拉链、局部印花、嵌条、商标等装饰。色彩大多比较鲜明而响亮，白色以及各种不同明度的红色、黄色、蓝色等在运动风格的服装中经常出现，有时也使用自然色彩。

（四）优雅风格

具有较强女性特征、兼具时尚感的较成熟的、外观与品质较华丽，做工精细。衣身较合体，讲究廓型曲线，悬垂性好，分割线以规则的公主线、省道、腰节线为主。讲究服装细节设计，装饰不烦琐，常用绣花、荷叶边、蕾丝、缎带、抽褶、包边等装饰细节。色彩多选用柔和高雅的含灰色调。

（五）前卫风格

风格新奇多变，善于打破传统，造型富于幻想，运用超前流行的设计元素（图5-25）。设计无常规，较多使用不对称结构与装饰，尺寸与线形变化较大，分割线随意无限制。用色大胆鲜明、对比强烈、不受约束。经常使用奇特新颖、时髦刺激的面料，而且材质搭配经常反差较大。

图5-25　前卫风格毛衫

（六）中性风格

弱化女性特征、部分借鉴男装设计元素。线条精炼，直线条运用较多，分割线比较规整，造型棱角分明，廓型简洁利落。色彩明度较低，以黑色、白色和灰色等常规色为主，较少使用鲜艳的色彩（图5-26）。

图5-26　中性风格毛衫

（七）民族风格

服装地域特点鲜明，较少使用分割线，大多工艺特殊，情节感强。色彩多数浓烈、鲜艳，对比较强。经常选用充满泥土味和民族味的面料，不同地区、民族使用面料差异性较大。手工装饰较多，多用刺绣、珠片、流苏、嵌条、绳边、印花、编织物等装饰（图5-27）。

图5-27 民族风格毛衫

（八）轻快风格

轻松明快、适应年龄层较轻的年轻女性日常穿着，具有青春气息。可以使用多种服装造型，繁简皆宜，款式活泼利落，衣身通常比较短小且紧身。色彩通常比较亮丽。分割线也不受约束，弧形线或变化设计的零部件较多（图5-28）。

图5-28 轻快风格毛衫

（九）简洁风格

服装线形流畅自然，结构合体，整体造型简洁利落。零部件较少，分割较少。材料和色彩选择范围广（图5-29）。

图5-29　简洁风格毛衫

（十）浪漫风格

优美朦胧、柔和轻盈。造型大多精致奇特，局部处理别致细腻。色彩变换扑朔迷离。用料多为柔软透明、飘逸潇洒、悬垂性好的材料（图5-30）。

图5-30　浪漫风格毛衫

（十一）田园风格

崇尚自然，廓型随意，线条宽松。经常使用手工制作某些细节。面料以天然纤维为主，富有肌理效果，手感较好。以自然界中花草树木等的自然本色为主，如白色、本白、绿色、栗色、咖啡色、泥土色、蓝色等。

（十二）淑女风格

女性味十足、娇柔可爱，经常借鉴西方宫廷式女装的感觉进行设计，廓型线多用曲线，腰部合体或收紧。部件设计和装饰精致。多使用浅淡色调，如浅粉、粉紫、浅蓝、白色、淡黄等色彩（图5-31）。

图5-31 淑女风格毛衫

总之，一个服装品牌或者一组服装产品，如果没有自己独特的风格与个性的设计，就像一个没有主题的故事，很难有感染人、吸引人的魅力。在毛衫产品设计中，尤其是在品牌毛衫产品设计中，追求风格比追求时尚更为重要，不仅要迎合时尚潮流，更要考虑自己独特的风格。没有个性的设计、没有风格的产品，很难在众多同类产品中脱颖而出。而且，每个毛衫品牌都有自己的产品风格定位，这是每一个品牌开发产品的重要依据。因此，设计师要了解常用的服装风格，掌握影响毛衫风格的表现要素以及不同风格毛衫的造型、色彩、面料选用、常见品类与搭配方式等。

思考与练习

1. 选择一种你喜欢的风格特征，设计一系列毛衫。
2. 阐述风格对于品牌毛衫的意义。

第六章　毛衫的组织结构设计

　　随着现代生活向舒适、休闲化发展，针织服装呈现出外衣化、时装化、个性化的发展趋势，人们对针织毛衫的设计要求也越来越高。目前，市场上的毛衫款式品种相对单调、产品缺乏创新设计，制约了国内毛衫向国际化、品牌化发展。如何设计出集功能与美观、时尚于一体的毛衫，满足人们不断变化的个性化需求，打造国际毛衫品牌，是毛衫设计者的重要课题。

　　由于针织物的单元结构是线圈，而线圈的变化组合是多种多样的，所以不同的针法组合使得针织面料具有不同的纹路和机理，形成情趣各异的图案和质地。不同组织、花纹的织物可以使针织服装具有截然不同的风格，比如款式完全相同的针织服装，如果用机织单面平针，就给人以典雅精致的感觉；但是如果用手工编织出双面凹凸花纹，再经过花纹疏密，大小穿插的变化，则会给人以严谨、活泼、粗犷等风格迥异的感觉。不同的组织经过多种搭配组合和变化，可以加强毛衫的时尚性，赋予毛衫丰富多变的视觉效果（图6-1）。

图6-1　组织结构设计

　　毛衫的组织变化设计包括材料、组织、款式、色彩等设计，组织肌理是毛衫实现创新设计的重要手段，不同的组织具有不同的特点，能呈现凹凸、条纹、平整、镂空、厚重、层叠等丰富多彩的外观效果。普通的毛衫组织有平针、罗纹、双反面、集圈、绞花、挑花、扳花、提花等，现代毛衫设计强调体现针织本身的线圈结构，重视毛衫基本组织的应用，设计师通过应用2种或2种以上组织的搭配，设计出变化多端的时尚毛衫。设计师可以在毛衫肌理效果的表达上多下功夫，这样可以避免和弥补因造型设计简单而使毛衫产生呆板感。例如，可以将不同的纱线在不同的设备上进行编织，可以采用不同的组织结构，并可以进行多种多样的后整理，从而形成形形色色的肌理效果，比如平坦、凹凸、网孔、波纹、轧花、彩色、闪光、丝绒、厚重、轻薄、镂空、疏密、抽褶、围裹、缠绕、虚实、透明、起皱、浮雕、光滑、疏松等肌理效果，通过不同材料的肌理设计可以搭配出毛衫的层次感和空间感。将原料结合组织的变化就可以设计出肌理丰富多彩的花形图案，将这些肌理效果与要表现的构思结合在一起，能增添毛衫的设计感以及艺术魅力（图6-2）。

图6-2　利用织物组织变化塑造丰富的视觉效果

第一节　毛衫的常用组织结构

一、针织物的组织结构

针织物是由线圈串套连接而成的。因此，线圈是构成针织物的基本单元。针织物的组织就是指线圈的排列、串套与组合的规律和方式，它决定着针织物的外观和特性。针织物的组织分为三大类：原组织、变化组织、花色组织。

（一）原组织

原组织是针织物的基础，线圈以最简单的方式串套组合而成。如纬编针织物中的纬平针组织、罗纹组织和双反面组织。

（二）变化组织

变化组织是由两个或两个以上的原组织复合而成，即在一个原组织的相邻线圈纵行间配置另一个或另两个原组织，以改变原来组织的结构与性能。如纬编针织物中的变化纬平组织、双罗纹组织。

（三）花色组织

花色组织是以上述组织为基础派生得到的，它利用线圈结构的改变，或编入另外的辅助纱线，以形成具有显著花式效应和特殊性能的花色针织物。

二、纬编针织物

（一）纬编针织物组织

纬编针织物是纱线沿纬向顺序弯曲成圈，并在纵向相互串套而形成的针织物。线圈由圈柱、针编弧和沉降弧三部分组成。直线部分为圈柱；弧线部分包括针编弧和沉降弧，针编弧使线圈进行纵向串套，弧线连接相邻的两个线圈。

针织物中，线圈在横向连接的行列，称为线圈横列，线圈在纵向串套的行列，称为线圈纵行。纬编针织物中，线圈圈柱覆盖圈弧的一面为正面。由于圈柱对光线反射一致，故正面光泽较好。线圈圈弧覆盖圈柱一面的为反面，圈弧对光线有较大的散射作用，反面光泽不及正面。如纬平针组织，两面光泽差别明显。根据编织针床数的不同针织物有单双面的区别：线圈圈柱或圈弧集中分布于针织物一面的称为单面组织，其外观有正反面之别，正面圈柱覆盖于圈弧，方面圈弧覆盖于圈柱，如纬平针组织、单面集圈组织等。若线圈的圈柱、圈弧分布于针织物两面，称为双面组织，其两面外观没有显著差别。其中两面都是圈柱，覆盖于圈弧的是双正面组织，如罗纹组织；两面都是圈弧，覆盖于圈柱的是双反面组织。

（二）纬编针织物的原组织和变化组织

1. 纬平针组织

（1）纬平针组织结构

纬平针组织又称平针组织，属单面纬编针织物的原组织，是最简单的针织物组织，它由连续的单元线圈以一个方向依次串套而成，如图6-3所示。纬平针组织纵向和横向延伸性都较好，特别是横向。因针织面料有较大的卷边性和脱散性，有时还会产生线圈歪斜，给毛衫制作和穿着带来不便。

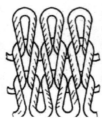

图6-3　纬平针组织正面（左）、反面（右）

单面平针组织是一种纬编基本组织，由线圈圈柱在织物正面形成清晰的纵向纹路，织物正面平整、光洁，易拉伸和脱散，正反面具有不同的光泽，广泛应用于汗衫、外套、袜子和手套等设计。

设计师可以利用单面平针组织正反面不同光泽以及在视觉上具有凹凸效果的特点，巧妙地将其应用在时尚毛衫设计中，达到明与暗、光洁与粗糙的对比效果。结合特粗纱线采用平针组织手工编织的毛衫，纹路清晰，线圈感强，充分体现了针织物本身的线圈肌理，适用于时装毛衫或普通毛衫的局部装饰设计。

平针组织容易卷边，主要是因为连续的单元线圈向一个方向串套而成，由于纱线在成圈时形成空间曲线，线圈中弯曲线段所具有的内应力使线段伸直造成卷边。卷边一般在设计和生产中被认为是缺点，因此尽量避免或采用方法克服。但设计师可以反向思考，将这些缺点加以应用，利用平针组织的卷边性，将平针组织设计在毛衫的袖口、下摆、领口、门襟、裙摆等处，使下摆、领口、袖口等自然翻卷，毛衫整体风格休闲、随意，适合现代都市风格，具有特殊的立体效果（图6-4）。

图6-4　平针组织毛衫

　　应用较细或透明纱线编织的平针组织织物相对薄透，适合春秋季时尚毛衫的设计。平针组织采用抽针的方法，能产生纵条纹和虚实对比效果。

　　（2）纬平针组织的变化

　　①间色横条纬平针织物：间色横条是纬平针最为常见的变化形式。编织纬平针时，根据设计的横条宽度，在横列开始处更换不同颜色的纱线，形成间色横条效果。更换纱线的色彩时，也可更换纱线的种类，两者的结合丰富了纬平针的外观和触感（图6-5）。

图6-5　间色横条纬平针结构毛衫

　　②反面纬平针织物：以纬平针织物的工艺反面作为服用正面，圈弧突起，形成小波浪外观。这种组织结构在休闲风格和童装中较为常用。

　　③正反面线圈结合的图案设计：利用反面线圈突出在纬平针织物正面的特点进行图案设计，具有浅浮雕效果，也称为大马士革（Damask）组织（图6-6）。阿兰花和渔夫毛衫等经典针织服装设计经常采用这一方法。

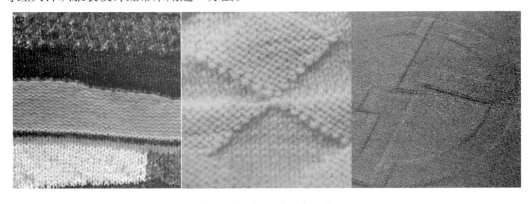

图6-6　正反针结合图案

④松紧密度织物：单面平针织物在编织时，根据设计在不同部位采用不同的密度而织成的单面平针织物，具有疏密对比变化。由于紧密的部位收缩，疏落的部位形成向外蓬松突出（图6-7）。在手工编织时，可通过更换不同粗细的针获得。电脑横机通过程序控制机号的变化，可形成更为丰富随意的松紧或疏密效果。

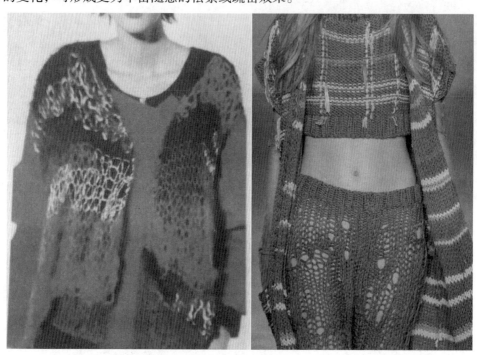

图6-7　改变织物松紧密度

⑤双层平针织物：圆筒双层平针织物也称袋形织物、圆筒形织物、管状织物，由连续的单元线圈在横机的前、后针床上轮流编织而成。由于是循环的单面平针编织，两端边缘封闭，中间呈空筒状。这种织物表面光洁，织物性能与单面平针组织相同，逆编织方向脱散，但双层平针织物比单面平针织物厚实，线圈横向无卷边现象。这种织物主要用于外衣的下摆和袖口边、领边等。设计时可以考虑将单面纬平针组织和双层纬平针组织相结合，不仅在组织上有变化，且外观上能形成凹凸对比。

（3）纬平针组织的款式设计

纬平针组织的外观普通平实，结合纱线、色彩、密度设计织物，可获得丰富多变的视觉和触觉。在进行款式设计时，可利用钉珠绣花、印花等方法进行装饰，也可利用材质设计的各种方法进行肌理再造，形成丰富多变的基于纬平针组织的服装款式和服装风格。

2. **罗纹组织**

（1）罗纹组织结构

罗纹组织为双面纬编针织物的原组织，由正面线圈纵行和反面线圈纵行相间配置而成。以一列正面线圈纵行与一列方面线圈纵行配置的称为1+1罗纹（图6-8）。依此类推，有2+2罗纹、3+3罗纹等。正、反面线圈纵行数目不同，又可构成2+3罗纹（图6-9）、4+5

罗纹等。在自然状态下，罗纹组织的正面线圈纵行彼此接近，反面线圈纵行呈隐藏状态，因此，两面都呈现明显的正面线圈，如下图。罗纹组织织物不卷边，也不易脱散，具有纵条效应，织物横向具有高度的延伸性和弹性，常用于袖口、下摆、领口、裤口等，利用组织良好的弹性起到收口的作用，使服装边口不易变形，便于穿着和运动。

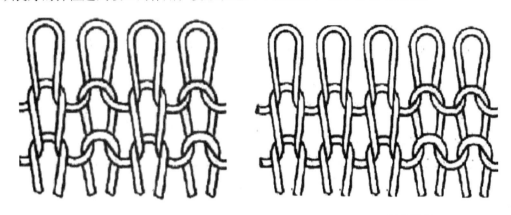

图6-8 1+1罗纹组织　　　　　　　图6-9 2+3罗纹组织

四平组织又称满针罗纹，四平组织织物相对其他罗纹织物紧密、平整、尺寸稳定性好，用在毛衫的门襟、领口、袖口、摆口等。如先织几行四平组织，再换成其他罗纹编织，由于四平组织参加工作的织针比其他罗纹多，而尺寸相对其他组织稳定，形成形同木耳边的边口，常用在女装或童装的边口设计，毛衫整体风格活泼可爱。

（2）罗纹组织的特性

罗纹组织的横向有较大的延伸性和弹性，外力去除后，变形回复能力很强，有良好的弹性，穿着舒适，因此，广泛用于毛衫的下摆、领口、袖口等。罗纹组织卷边性小，当正、反面线圈纵行配置数过大时，织物左右边缘有一定的卷边性。织物密度越大，弹性越好。

（3）罗纹组织的服装设计

在毛衫设计中，根据人体体型在不同的部位采用不同宽窄的罗纹，能起到夸大人体曲线、美化体型的视觉效果（图6-10）。另外，将罗纹组织应用于无缝服装需要立体造型的部位，如胸部、臀部等紧贴人体又需要活动量的部位，能将人体曲线完美勾勒出来，又不影响运动。利用罗纹组织的伸缩性，将罗纹组织用于女式毛衫的侧缝、后背腰处，可以不通过收针既能产生收腰效果，节省生产时间，同时又能展现女性完美体型"。利用罗纹组织的条纹肌理，结合收针，能在毛衫上产生流线型装饰效果。罗纹组织织造方式所形成的条纹效应，在织物表面呈现凹凸条纹的视觉肌理效果，正反针不同搭配形成不同宽窄效果的罗纹，不同方向条纹巧妙地搭配，在毛衫设计中起到一种视觉引导作用，突显服装的流线动感效果，又能产生疏与密、收与张、松与紧的对比视觉效果。另外，由于罗纹组织本身具有竖条纹，结合纱线有规律的粗细或颜色的变化，可以在毛衫上产生方格格纹。

图6-10　罗纹组织毛衫

3. 双反面组织

双反面组织也是双面纬编组织中的一种原组织，由正面线圈横列和反面线圈横列交替配置而成（图6-11）。双反面组织比较厚实，弹性也较好，横纵向延伸性大，不易卷边。但若正、反面线圈横列配置数过大，织物上下两端有卷边性，且脱散性较大。

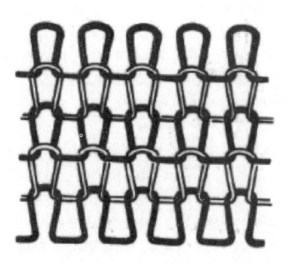

图6-11　双反面组织图

双反面组织是毛衫组织中的一种基本组织，由正面线圈横列和反面线圈横列相互交替配置成，组织具有纵向延伸性，织物相对厚重，具有横纹效果，主要用于童装、时装的毛衫设计。在毛衫设计中，有规律地结合不同粗细、不同线材的纱线，可以夸大双反面组织的横向凹凸条纹肌理。现代毛衫着重细节设计，将双反面组织用在毛衫的局部设计，如领子或袖口，能产生独特的外观效果。

4. 双罗纹组织

双罗纹组织是双面纬编变化组织的一种，由两个罗纹复合而成（图6-12）。由于一个罗纹组织的反面线圈纵行被另一个罗纹组织的正面线圈纵行所遮盖。因此，织物两面都呈现正面线圈。双罗纹组织具有厚实、柔软、保暖、无卷边等特点，并具有一定的弹性。且它的延伸性和弹性都比罗纹组织要小。由于其结构较稳定，挺括且悬垂，抗勾丝和抗起毛、起球性都较好，适合做外衣。

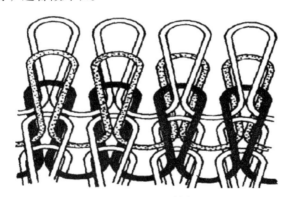

图6-12 双罗纹组织

（三）纬编针织物的花色组织

在纬编针织物中，除上述的原组织和变化组织外，还广泛采用各种花色组织，使针织物具有显著的花式外观效果和优越的内在性能。花色组织以原组织和变化组织派生而成。利用线圈结构的改变或另外编入附加纱线，并配以适合的纤维原料和后整理，以满足毛衫多样化需求。花色组织种类繁多，结构复杂，主要有以下几类：集圈组织、衬垫组织、毛圈组织、长毛绒组织、添纱组织、提花组织、沙罗组织、绞花组织、波纹组织、菠萝组织、衬经衬纬组织以及由上述组织组合而成的复合组织。下面介绍九种毛衫设计中常用的花色组织。

1. 集圈组织

集圈组织中，某些线圈除了与旧线圈串套外，还挂有不封闭的悬弧（图6-13）。集圈组织氛围单面和双面两种，单面集圈使在单面组织基础上织成的，具有色彩、花纹、凹凸、网眼和闪色等变化效应，不易脱散，但是有勾丝，横向延伸性比较小。双面集圈是在罗纹组织的基础上织成的，利用集圈位置交替和数量上的变化，产生网眼和小方格，具有双层立体感，且透气性较好。

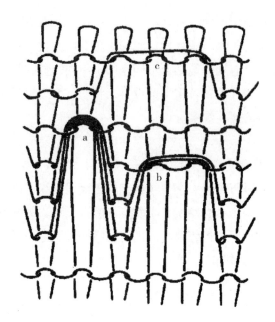

图6-13 集圈组织的结构

根据集圈针数和次数的不同，可在织物上产生孔眼、凹凸等效果，如结合不同颜色的纱线，能产生丰富多彩的波浪纹效果，主要用于毛衫外套设计。在单针床上编织的单面集圈织物是通过高、低踵针的排列，编织出胖花类集圈织物，集圈次数少可产生孔眼，集圈次数多能产生菠萝状外观效果，主要用于春夏季毛衫设计；在双针床上采用不脱圈法编织的集圈织物又称元宝针，织物厚重、饱满，主要用于毛衫外衣设计。

由于集圈组织中未封闭悬弧的应力使织物横向扩张，相同数量织针编织的集圈织物比平针或罗纹组织织物尺寸要宽很多。利用这一特点，可以采用集圈组织与平针或变化罗纹组织搭配应用在领口、门襟、下摆等处，可以产生荷叶边效果。

利用畦编类集圈织物，集圈线圈受悬弧应力影响，线圈相对矮胖，风格粗犷，织物厚重，可与平针组织搭配应用在毛衫的各个部位。整件毛衫产生厚与薄、粗犷与细腻的对比效果。

通过多次集圈组织变化结合，产生浮雕感强的凹凸立体效果，运用到毛衫局部产生类似盔甲样厚实的风格效果。

在针织物的某些线圈上，集圈组织除有一个封闭的旧线圈外，还有一个或几个未封闭的悬弧，根据集圈针数和次数的不同，可在织物上产生孔眼、凹凸等效果。如果在设计中结合不同颜色的纱线，能产生丰富多彩的波浪纹效果，主要用于毛衫外套设计。

2. 衬垫组织

衬垫组织是以一根或几根衬垫纱线按一定比例在织物的某些线圈上形成不封闭悬弧，在其余的线圈中呈浮线停留在织物的反面。由于衬垫组织中衬垫纱的存在，衬垫组织的横向延伸性小。衬垫组织可以在任何组织基础上获得，可用于绒布。经拉毛整理，使衬垫纱线称为短绒状，附在织物表面，也可以用花式绒线做衬垫，增强外观装饰效应。

3. 毛圈组织

毛圈组织中，线圈由两根或两根以上纱线组成。一根纱线形成组织线圈，另一个或另几根纱线形成带有毛圈的线圈。毛圈由拉长了的沉降弧或延长线形成。按毛圈在针织物中的配置，可分为素色毛圈与花色毛圈、单面毛圈与双面毛圈（图6-14）。

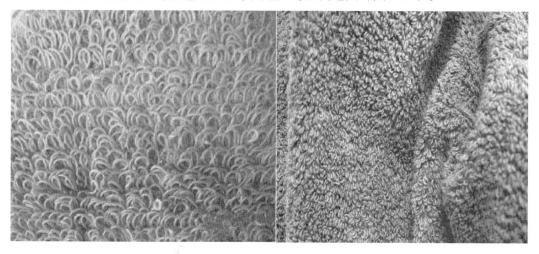

图6-14　毛圈组织

4. 长毛绒组织

在针织过程中用纤维同地纱一起喂入编织，纤维以绒毛状附着在针织物表面的组织称长毛绒组织。长毛绒组织一般在纬平针组织上形成。

5. 添纱组织

添纱组织中，全部或部分线圈是由两根或两根以上纱线形成的，地纱线圈在反面，添纱线圈在正面（图6-15）。采用不同原料或色彩的纱线，可使织物正反面具有不同性能或外观。

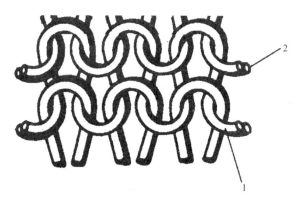

图6-15　添纱组织
1—地纱　2—面纱

6. 提花组织

提花是针织毛衫中表现花色图案效果的重要组织，它的立体感和清晰感是印花面料所无法比拟的，也为设计师设计个性十足的服装提供了取之不尽用之不竭的灵感来源。市场上见到的花色图案多为提花织物。提花组织中，按照花纹要求，纱线垫放在相应的织针上，形成线圈。在不成圈处，纱线以浮线或延展线状留在织物反面。当采用各种颜色的纱线纺织时，不同颜色的线在针织物表面形成图案、花纹。由于存在浮线，织物横向延伸性减小，厚度增大，脱散性较小。

根据组织结构，提花组织可分为单面提花和双面提花两大类。提花组织形成的各种花形，具有逼真、别致、美观大方、织物条理清晰等优点（图6-16）。

图6-16　提花组织毛衫

嵌花织物又称单面无虚线提花织物，是指用不同颜色或不同种类的纱线编织而成的纯色区域的色块，相互连接镶拼成花色图案组成的织物。每个纯色区域都具有完好的边缘，且不带有浮线。组成纯色区与色块的织物组织除了可以采用纬平针、1+1罗纹、双反面等基本组织外，还可以采用集圈、绞花等花色组织。

7. 挑花组织

挑花组织的学名为纱罗组织，又称空花组织，是在纬编基本织物的基础上，根据花形要求，在不间针、不同方向进行线圈移位，构成具有孔眼的花形。因此，挑花织物又称起孔织物。挑花织物有单面和双面两种。

挑花组织时在基本纬编单面或双面组织基础上，按花纹要求将某些线圈移到相邻线圈上，使原位置上出现孔眼的效果，主要用于女装、童装的春秋季毛衫款式中。

有规律地将连续挑花出现的孔眼形成的线形设计为毛衫的分割线、装饰线或一定的图案，挑花形成的线条看似服装的省道，具有收身的视觉效果。将挑花组织应用于毛衫的局部，可产生透与不透的对比效果。

（1）单面挑花组织

单面挑花织物是指以单面织物为基本结构，按花形图案将线圈移圈而成的织物。利用自动机械或手工的方法按照花形示意图的要求移圈，这样在编织的过程中逐步移圈，便能织出单面挑花织物。

（2）双面挑花组织

双面挑花组织织物是指以双面织物为基本结构，按花形图案将线圈移圈而成的织物。其花形常以单针床编织为主，配以另一针床上的织针进入编织，集圈或退出工作来得到花色效应。双面挑花组织织物比单面挑花组织织物的花形变化更为丰富，也具有轻便、美观、大方、透气性好等特点。这种组织结构可以用来设计极具有女性化特征的服装。

8. 绞花组织

绞花组织是将2枚或多枚相邻织针上的线圈相互移圈，使这些线圈的圈柱彼此交叉，形成具有扭曲图案的花形，织物具有凹凸立体效果，风格粗犷，广泛应用于秋、冬季毛衫。绞花类移圈组织的织物也称为扭花、拧花、麻花等。

通过相邻线圈的相互移位而形成的绞花组织，其独特的肌理效果一直受到设计师的青睐。同方向位移可产生旋转扭曲的效果，不同方向扭曲，根据方法的不同，效果也很多样，丰富有趣。

绞花主要应用在毛衫的衣身，能增加服装的厚度和保暖性，但随着针织服装的时尚化、轻薄化发展，毛衫设计更重视细节设计，将传统绞花应用在毛衫的局部，如肩部、领部，使毛衫简单又富有设计感，具有现代时尚气息，满足人们对美的追求。绞花效果随纱线的粗细效果不同，纱线越粗，位移线圈数目越多，绞花扭曲效果越强烈，毛衫立体感就相对较强。通常在毛衫的袖子、前胸等部位采用绞花，使毛衫的表面更为丰富。

根据选择纱线粗细的不同，以及位移线圈数目的差别，绞花所产生的效果也不一样。纱线越粗，位移线圈数目越多，绞花扭曲的效果越强烈，风格效果越突出。绞花组织常和平针、罗纹这类组织搭配使用，效果亦很强烈，市场上较为多见（图6-17）。

图6-17　绞花组织毛衫

9. 波纹组织

波纹组织是在横机上按照花纹要求横移针床，在基本组织基础上由倾斜线圈形成波纹状花纹的双面纬编组织。不同的基本组织，如四平、四平抽条、畦编、胖花，可产生不同的外观效果，主要用于时装类毛衫款式中。将波纹组织用于毛衫的局部装饰，能够使毛衫款式富有变化感。

总之，将组织结构的变化作为主要装饰手法，是毛衫显著的特点及优势。随着电脑横机技术的发展，更多复杂组织的生产成为可能。设计师也越来越多地关注组织结构设计领域的创新。例如，提花组织的种类越来越多样化，不同提花的特殊肌理及视觉效果使毛衫花卉图案层次更丰富；网眼结构带来花卉图案镂空的外观，在针织毛衫表面形成了独特的空间光影效果；嵌花组织为近年来流行的大型花卉图案以及满底图案提供无限可能；集圈、毛圈、移圈等不同种类组织结构的变化相结合；组织结构的变化与染整工艺相结合等，使针织毛衫面料呈现出凹凸有致的立体形态变化。

组织结构的千变万化是毛衫独具魅力之处，了解组织结构与纱线特征以及毛衫款型之间的对应关系，是成为一个优秀的毛衫设计师必备的条件，所以在毛衫设计时要熟练掌握组织结构的肌理设计，并了解组织结构与纱线的关系，以及不同组织结构之间的搭配使用，即对毛衫虚与实、疏与密、透与露的把握。因此，了解毛衫设计的特点，掌握毛衫组织肌理设计的特性将有助于设计师更好地进行毛衫设计，这样才能有更广阔的市场，满足消费者的多元化需求。

第二节　毛衫组织结构设计应用技巧

毛衫丰富的肌理效应是设计的关键，包括2个方面：组织结构的肌理效应和其他手段创造的肌理效应。在组织结构方面趋于复杂化，强调的是多种组织结构的复合化与综合性，以至于形成丰富的肌理外观效应（图6-18）。由不规整的纱线通过变化组织结构编织的面料具有手工风格，正反面外观效果具有不同的表现风格。在单面针织物中，利用添纱的方式将几种不同色彩、不同性能的纱线按照编织要求织入，可以形成两面外观不同的针织物。双层织物的肌理致密又光洁，条纹与网纹、平针与绒棉，毛圈与平布，绒毛密实，色泽柔和，手感丰厚。后整理手段给织物带来了丰富的外观效果，如海岛丝织物经过磨绒后产生仿麂皮绒的风格。在羊毛织物中，混入部分羊毛和棉纤维一起编织，并进行起绒整理处理，平绒织物经过精细的剪毛后期处理，无论是单色织物还是色织物，都会呈现出丝绸般的外观风格。

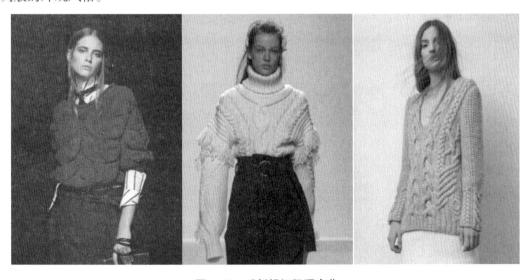

图6-18　毛衫组织肌理变化

一、熟悉织物组织的特性

不同的组织设计形成的纹理效应截然不同，会产生平坦、凹凸曲折、纵横条纹、网孔镂空等各具特色的外观效应，是毛衫不同于其他机织面料服装的一个特性，如同于机织面料的再造手段，提供了极大的毛衫设计空间。组织结构的某些物理性能，如罗纹组织的条纹效应和不同罗纹组织之间产生的疏密效果，在设计中能够起到视觉引导的作用，营造出一种动感流线风格。平针组织的易卷边性，应用于毛衫下摆或袖口设计，能够起到荷叶边效果的装饰作用。复杂的漂亮卷边花形结构与其他质地的面料混合，能够创造出简洁明快、优雅质朴的时代风格。

针织毛衫的组织结构设计是毛衫款式装饰设计独具魅力的地方针织面料具有一定的脱散性、卷边性、工艺回缩性等特点，决定了针织毛衫款式不宜采用烦琐的裁剪分割线和过多的缝辑线进行设计。毛衫设计包括材料、组织、款式、色彩等设计，组织肌理是毛衫实现创新设计的重要手段，不同的组织具有不同的特点，能呈现凹凸、条纹、平整、镂空、厚重、层叠等丰富多彩的外观效果。为了避免造型设计中的单调感，充分利用组织结构的变化对针织毛衫外表加以装饰，是毛衫装饰设计最为显著的特点。

织物在编织的过程中，某些线圈由于被移开、拉伸、脱掉等，织完下一行后，在原本形成线圈的部分会显现出孔洞效果。镂空效果组织具有广阔的设计空间，不同效应、不同风格的组织搭配，或不同粗细、不同质感的纱线交织，都可以使织物表面形成厚薄、稀密不同的通透感。形成网眼的手法很多，如移圈孔眼，可随意设计，具有轻便、美观、大方等特点；而抽针形成的网眼织物具有特别大胆夸张的艺术效果，可以和移圈结合使用，还有脱圈网眼和菠萝网眼等多种表现手法。

纬编织物结构中的花色组织如提花、集圈、添纱、毛圈、移圈、衬垫等均可以形成独特的织物风格（图6-19）。如单面提花组织会形成凹凸或褶皱花纹；集圈组织中利用集圈的排列及使用不同色彩及性能的纱线，可以编织出表面具有图案、闪色、孔眼以及凹凸等效应的织物；移圈组织可以形成具有镂空效应的孔眼及凹凸花形等。

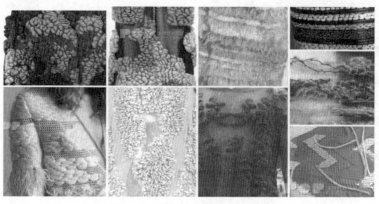

图6-19　附加纱线面料变化效果

毛衫的组织结构设计包括2个方面：织物外观花纹的艺术设计，指花纹设计、配色等；织物规格设计，包括织物质量、密度、纱线捻度、线密度等。

二、毛衫织物组织结构对造型设计的影响

毛衫是富有弹性的织物，在进行毛衫设计时，可以在人体各部位尺寸的基础上，加上一定的加放量实现造型。此外，还可以从织物组织结构及特性入手设计出具有创意的毛衫。

三、针织毛衫与机织服装造型处理手法比较

毛衫服装与机织服装为了实现类似的造型采取的处理方法存在着较大的差异性，其根本区别在于毛衫面料与机织面料的构成方式以及缝制方式不同。毛衫因其织物组织内部的线圈结构具有良好的伸缩性、柔软性、多孔性等优势，通常采用流畅的线条和简洁的造型来强调其特有的舒适自然感。款式造型设计不宜过于复杂，一般以简洁、高雅为主格调。同时为了避免和弥补因造型简单而产生的平淡保守感，在面料组织结构的搭配、色彩图案和装饰等手法上可以进行多样化设计。毛衫运用织物组织结构特性进行服装造型的手段有别于机织服装。传统意义上机织服装的塑形方法是根据人体的起伏，借助于收省道等结构处理或运用熨烫中的推、归、拔等方法实现服装从平面到立体造型的转变。如果毛衫类服装也照搬这种方法就可能破坏面料的肌理效果，有时面料还易造成线圈脱散。

四、毛衫织物组织结构的功能性与装饰性

组织的功能性是指采用该织物组织的延伸性、弹性、吸湿性、透气性、保暖性、耐磨性等力学性能特征。毛衫的组织设计是整个毛衫设计的基础，其设计是按照毛衫的服用功能等要求来进行的。例如：设计保型性好的外套类毛衫款式时，要求织物有一定的硬挺性和保型性，故应选用罗纹空气层、双面变化集圈等保型性和硬挺性好的组织结构；春秋季节则应选用有一定保暖性的织物组织结构，如罗纹、畦编、空气层、单双面提花等组织；夏季天气炎热应选用轻薄且透气性较好的组织结构，如纬平针或其他单面组织，满足季节的需求；冬季天气寒冷大多选用保暖性较好的组织结构，如双面提花、空气层、长毛绒、双层等组织，实现保暖的目的；运动类针织服装，尤其是服装的袖口及下摆部位，应选用弹性和延伸性较好的组织，如1+1罗纹、2+2罗纹等组织就是最佳选择。

不同组织结构的装饰性在其表现形式上呈现出截然不同的视觉效果，它以表现美的肌理、美的造型和美的色彩为设计要点。如：罗纹组织呈现出凹凸条纹效应；提花组织表现出花色图案效应；波纹组织呈现出类似波纹状的凹凸曲折线特征；绞花组织形成扭曲纵行花形的麻花效应。透明感的毛衫组织通过不同造型的重叠、多层色彩的搭配，可以呈现出色彩的虚、实、深、浅效果的美妙变化；移圈组织有别于透明感的毛衫组织，产生的镂空效果本身就是一种图案化的造型，它依靠底色衬托出本身的造型，一般应用于色彩强调突出的部分，与其他材料相搭配产生主次关系，与底色形成一定的距离空间感，较密的平针

组织塑造出有质感、硬挺的感觉；较密的钩花组织表现出奢华、浪漫的风格；细密元宝针能产生轻盈飘逸的荷叶边效果。将这些组织结构单一或复合运用到毛衫的局部或整体设计中，又会塑造出形态迥异的立体装饰形态，表现出不同的肌理风格。通过组织变化，可塑造千变万化的视觉效果（图6-20）。

图6-20　几何纹理组织结构

同时，保暖性受到织物的厚度和透气性两方面的影响，织物保暖性随着厚度的增加而增大，随着透气性增加而减小。二者相互制衡，对于单一线圈结构的组织，在一定弯纱深度范围内，厚度的影响起主导作用，随着弯纱深度的继续增加，织物的透气性增大速度大于厚度，保暖性又开始下降，因此对于某一种组织的织物并不是织物越厚，保暖性越好，还需考虑透气性的影响。

花形和组织结构设计是保证产品的性能、外观和风格的关键，在针织物设计中起着至关重要的作用。毛衫设计个性化、时尚化趋势的不断增强是毛衫市场的现状，组织变化设计带来的肌理创新已成为毛衫创新的重要手段，受到越来越多设计师的重视（图6-21）。

图6-21 利用组织结构变化塑造多样化的毛衫款式

第三节 组织结构外观效果对设计风格的影响

毛衫多变的编织纹理是设计的法宝之一,摆脱一般面料只能靠裁剪玩出花样的局限性,千变万化的编织游戏更给人出其不意的新奇感。各种编织方法,通过一定的操作手段,达到变化多端的视觉效果,是针织毛衫设计师塑造服装风格的有利法宝。

一、凹凸效应组织对毛衫风格的影响

针织线圈由于配置方式不同,形成织物后在其表面常常形成规则或不规则的凹凸效应,凹凸单元的分布或构成形式均可以形成丰富的图案效应,花形效果新颖别致,立体感强,手感丰富,是毛衫的花纹设计中一种常用效果。任何组织通过采用不同的手段,如纱线粗细不同、密度变化、不同组织复合编织等等均可产生凹凸效应。比较常见的有平针通过密度、纱线对比等形成线状凹凸,或利用正针凸反针凹的特点,按图案配置可以形成各种凹凸图案;利用平针的卷边性,可整行编织形成条状卷边,也可部分连接而形成波纹卷边效果;通过罗纹和双反面组织正反面线圈不同比例的配置可得到凹凸单元;抽条类组织表面呈现纵向凹槽效果;通过集圈、移针床等方法形成的凹凸效果往往出人意料,具有很强的设计性。

(一)移针床凸起效应组织设计

在普通组织的基础上,通过移动针床往往能达到意想不到的效果。在电脑横机上可通过选针系统实现织针的不同动作行为;在手摇横机上,则需要人工将织针按花形要求,长踵针与短踵针交错排列，相对比较复杂。

（二）集圈韵律凹凸效应组织设计

织物在后针床进行编织，根据要收紧的部位，在编织某一行时，同时在前针床选取几针编织集圈，并且不退圈，然后继续在后针床正常编织几行，再将前针床的集圈移到后针床相对织针上。这样，集圈纱线的拉力自然将局部收紧而形成凸起。该组织呈现有规律的变化，形成流水般的韵律感，收紧的部位还可作纵行变化或间隔变化，又会形成不同的凸起效应。

（三）凹凸效果在毛衫中的应用

凹凸效果或与简单的色块搭配，或与精美的图案组合，足以表达丰富的肌理语言。还原针织最基本的纹样肌理效果，明确的纹样虽然没有那么醒目，却也精致耐看。在风格上具有鲜明的对比效果，运用在搭配中也同样出色。凹凸花纹还具有非常丰富的造型表现力，所以常被应用为造型要素之一（图6-22）。凹凸单元可以从点、线、面着手对面料进行造型，因此凹凸效果将表现为凹、凸组织单元构成的点、线、面在服装中的应用。

图6-22　毛衫的凹凸肌理效果

各种组织的凹凸构成都有所不同，构成点、线、面的程度会有所制约，构成后则根据点、线、面的造型风格来决定服装的风格。当然这里仅采用典型状态的分析，因为服装风格是由多种要素同时决定的，在此对点、线、面、体的风格取向分析就需要采用典型状态的分析，即假设当一款服装的造型要素以其中某一种要素占主导地位或单纯应用其中一种要素时，服装所产生的风格倾向。

点状凹凸单元在毛衫上的风格取向一方面取决于点的具体形状和内容，另一方面取决于点的分布与构成。单独点一般是以图案形式出现，风格与图案内容有关，多表现为优雅、轻快、民族、经典等风格。集合点有序排列时具有线感，无序排列呈散点状时具有面感。此外，当单独点的面积增大时也会表现出凹凸感。

呈线感的凹凸单元排列为直线时有运动的、休闲的、中性的、经典的风格倾向；呈曲线排列时有轻快的、优雅的、民族的风格趋向。面感的点满地或局部排列时有经典、轻快、民族、优雅的风格特征，点扩大到轻如单独大型纹样时有运动、休闲、中性的风格。

形成性状凹凸单元的组织多样，线型也多样，有直线、斜线、曲线、折线、流线及特殊形状形成的线，如罗纹边、绞花、波纹组织构成的花样线型、不同纱线构成的线型。组织构成的线型基本作为轮廓线和装饰线来运用，这些线的风格取向主要取决于两个方面，一方面由装饰线所具有的线形决定其风格取向，另一方面由构成线形的具体组织的质感决定其风格取向，如直线底摆、袖口的罗纹边，具有轻快、简洁的风格。

凹凸效应的大小、组织的疏密、装饰线的位置与数量也对服装的风格具有较强的影响，如装饰线偏离常规位置，装饰线的数量多于或少于常用数量，服装会表现为不同风格。这种异于常规的装饰线多会出现在前卫风格的服装中（图6-23）。

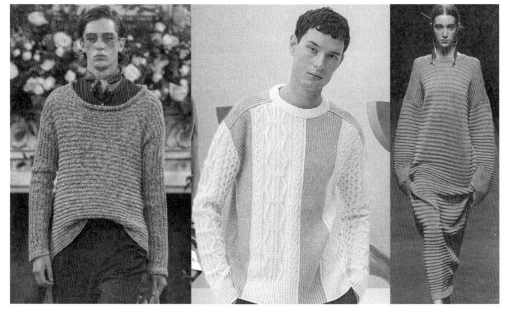

图6-23 凹凸肌理效果毛衫

面的形状分为直线形面与曲线形面。前者具安定感与秩序感，心理感觉简洁、明了、有序；后者柔软、自由、优美，具有魅力感与人情味。两者对服装风格的形成起到较大的作用。

面的凹凸是另一个影响服装风格的因素，构成凹凸面的方式、凹凸面的大小、凹凸效应的大小、纱线乃至凹凸组织的风格都会组合成一系列不同的表现风格。例如，布满凹凸单元的凹凸面，形成粗犷的、前卫时尚的风格；不同收缩率构成的面感凹凸波纹效果，皱状外观，呈现女性细腻的优雅风格。

二、网孔效应组织

通透感是一种概念，它融入了设计者的审美。网眼组织的设计不拘一格，不同效应、不同风格的组织搭配，或不同粗细、不同质感的纱线交织，都可以使织物表面形成厚薄、稀密不同的通透效果，具有广阔的设计空间（图6-24）。形成网眼的手法有很多，如移圈孔眼，可随意设计，具有轻便、美观、大方等特点。抽针形成的网眼织物具有特别夸张的艺术效果，可以和移圈结合使用。此外还有脱圈网眼和菠萝网眼等多种表现手法。

图6-24　网眼组织

（一）抽针网眼效应组织设计

抽针形成的网眼织物具有撕裂感，效果大胆夸张，还可以和移圈结合，孔眼的大小和分布都比较随意灵活。抽针的搭配可形成大面积网眼，往往形成前卫风格。编织方法为在需抽针部分将线圈移到相邻织针上，织针退出工作，若干行后织针再进入编织即可。

（二）变线圈长度网孔效应组织设计

电脑横机可以很容易地完成变线圈长度网孔效应的编织。即在编织需要形成通透效果的部位，通过选针系统选择对应针床上的几个织针同时编织集圈，并在编织后放掉，因此局部线圈变大而形成网眼效果。

（三）局部轮流编织网孔效应组织设计

按条状图案要求规律抽掉织针，先编织一小段纵条，然后以浮线形式过渡到另一个纵条编织几行。如此反复，即可形成特殊的波折通透效应。

（四）镂空效果组织在毛衫设计中的应用

通透感是一种概念，它融入了设计者的审美。不同效应、不同风格的面料，具有广阔的设计空间。织物组织结构是构成服装整体的一个要素，设计得当的毛衫可使组织的美感和其他的工艺相得益彰，提升整体毛衫的印象。

镂空的处理手法可以塑造毛衫时尚、性感的风格特征。在毛衫上运用网眼的性感效果无疑是如鱼得水，针织组织可以通过多种手段设计出风格变换的镂空效果，这些效果是机织服装永远无法达到的境界，在毛衫设计中绽放出耀人的光彩。

镂空效果组织与平纹组织、罗纹组织等其他非镂空组织同时出现时，不同肌理的对比效果就呈现出来了。镂空效果与其他效果组织统一于造型中，其修饰性和其他组织相对比创造出既统一又富有变化的视觉效果。

三、波纹效应组织

表现波纹效应的方法有很多，比较常见的是荷叶边及抽褶。畦编与平针组织对比形成的波纹效应较为常见，因为同样针数的畦编组织要宽于平针组织且具有波纹效果。也可利用在若干针上连续多次不选针、不编织，相邻成圈针上的线圈被抽紧凸起而形成波纹边。褶皱效果的形成，可通过移动针床和翻针使部分线圈交叠，也可在编织过程中，在需要抽褶部位，织入一定数量弹力纱形成抽褶效果。

（一）移针床褶皱效应组织设计

该组织形成的褶皱外观类似百褶裙上的褶，百褶裙是通过面料折叠并且定型后得到的，而该组织是在编织过程中直接编织形成，因此所形成的褶不会散开。具体编织方法为在前针床正常编织、打褶时，需要在织物正面表现的线圈不动，将其他线圈移到后针床，将针床向着织物正面线圈的方向渐次移动。每移动1个针距就将1个线圈移到前针床对应织针上形成重叠。根据设计的褶裥深度决定移动的线圈数，然后再将后针床的线圈全部移至前针床，继续在前针床编织。由于褶裥可以是顺裥或是箱形裥等多种形式，因此具体的编织步骤视情况而灵活多变。

（二）局部编织波纹效应组织设计

具体编织方法为依据图案要求，先整行编织，然后依次缩短编织针数形成扇形波纹效果。其独特之处在于线圈横列始终垂直于波纹边缘。若采用彩色纱线编织可产生极强的律动效果。较窄的织片可广泛应用于领口、门襟、袖口，营造柔美浪漫的风格；较宽的织片可应用于裙装，有类似斜裙的波纹摆。

（三）波纹效果在服装中的运用

浪漫和女性化复苏的季节，是各种荷叶边和褶皱的海洋。精致实用的针织荷叶边作为服饰的细节设计，既要保证整体和谐又要不失个性，与服饰风格相映相称，肩负重大使命。小巧精致的荷叶边设计镶嵌在衣领袖口，细腻而错落有致，是小家碧玉般的温润娴静，深得年轻女性的喜爱（图6-25）。

图6-25　毛衫中的荷叶边元素

　　褶皱在针织毛衫中的运用也极为常见。针织是利用面料自身弹性和褶皱来适合人体的，这与机织的裁剪、省道等方式有很大不同。不同的褶皱表现了不同的设计风格（图6-26）。如规律褶，主要体现为褶与褶之间表现为一种规律性，褶的大小、间隔、长短是相同或相似的。规律褶表现的是一种成熟与端庄，活泼之中不失稳重的风格。再如自由褶，与规律褶相反，自由褶表现了一种随意性，在褶的大小、间隔等方面都表现出了一种随意的感觉，体现了活泼大方、怡然自得、无拘无束的服装风格。极有趣味的抽褶处理不仅能给时装带来凹凸不同的韵律和立体感，还能修饰身材。

图6-26　毛衫中的褶皱元素

　　不同的抽褶方式，也可在服装的不同部位产生特殊效果。抽褶的类型有胸前褶、肩褶、侧缝褶等，可以随意变化，都能将针织衫的柔软与放松感完美演绎出来。如在胸部用这种方式，既强调了女性的自然曲线，又富有新意；下摆及袖口的弹力纱，既能起到一定的装饰作用，又完成了造型要求。无规则的随意抽褶，任意方向的组合类似布浮雕。

波纹效果一方面增加了服装外形的层次感；另一方面，由于服装随人体起伏、凹凸所呈现出线条的曲直、疏密与不同的方向感，给人以更强烈的视觉美感和更丰富的心理感受。

总之，组织结构是针织毛衫独具魅力的地方，由组织创新所带来的织物外观肌理的创新能开阔设计师视野，启发设计师灵感，并把现代毛衫设计推向更为广阔的领域。在花形设计的实际操作中组织结构的创新设计并非易事，如何做到既能使组织花形设计在工艺上不复杂，又能表现丰富的肌理美感，值得不断地去尝试和改进。

第四节　毛衫组织结构与面料肌理创意设计

毛衫花形和组织结构设计可以提升毛衫时尚性，在毛衫设计中起到至关重要的作用。组织变化设计带来的肌理创新已经成为毛衫创意设计的重要手段，受到越来越多设计师的青睐。随着横机技术的快速发展，以及新型针织原材料的开发和应用，组织的设计手法及肌理效果变得更加丰富。对于毛衫设计师而言，如何更好地结合横机技术与针织工艺，设计符合流行趋势的新式组织已成为重中之重。

一、正反针组织设计

正反针组织设计是编织原理最为简单的一种组织形式，是将正面线圈与反面线圈进行面积与形状的配置形成的，编织时通过翻针动作进行正面线圈和反面线圈的转换，翻针在电脑横机上可以自动进行。单一的正反针形成的花纹效应不是很明显。但如果在正反针中融入其他组织元素，则会使正反针呈现出别样的风格。如在正反针中融入添纱元素，色彩与组织的结合会使正反针呈现出具有轻微立体感的色彩图案效果。另外，正反针结合挑孔编织，可使织物呈现神秘的效果。正反针结合集圈可使织物凹凸感更强，结合纱线与组织多种元素，可达到多样化的效果。利用正反针组织结合其他组织产生的毛衫肌理变化如图6-27~图6-30所示。

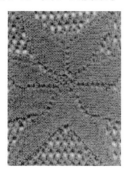   

图6-27　正反针+局编组织　图6-28　正反针+集圈　图6-29　正反针+添纱　图6-30　正反针+挑孔

二、花色提花组织设计

提花组织对毛衫设计的影响较大，运用提花组织可以在毛衫上形成具有一定花色的图案，此手法在毛衫上应用广泛，电脑横机电子选择技术的发展扩大了提花组织的色纱范围，能够形成更为复杂的图案。

三、局部编织组织设计

局部编织是利用电脑横机特有的功能，根据设计在织物的某一特定位置暂停编织，并可随时启动织针再次编织。局部编织可形成立体感非常强的立体效果，也可以形成类似嵌花的拼色效果，以及不规则的衣服下摆或者楔形裙摆，呈现出别具一格的视觉效果（图6-31~图6-34）。

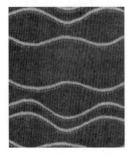   

图6-31 凹凸效果　　　图6-32 色块效果　　　图6-33 波浪效果　　　图6-34 不规则下摆

四、组织结构构成几何图案

组织结构构成的几何图案直接影响毛衫外观，让毛衫更具时尚性与美观性。对组织结构的研究，可丰富全成形毛衫的风格。

组织结构花形构成的几何图案是全成形毛衫中最为常见的一种，操作简单且变化丰富，由平针组织、集圈组织、移圈组织、不织组织、绞花组织等组成，其中以平针组织的运用居多，移圈组织和绞花组织次之。上述组织结构常用点、线、面的形式形成单独纹样、适合纹样、连续纹样等基础图案，也可用来形成带渐变肌理的复杂图案，其中以二方连续和四方连续等连续纹样的表现居多。在进行组织结构的几何图案设计时，仅以一种组织结构和构图形式来表现图案的效果较弱。

练习与思考

1. 利用织物组织结构变化原理设计一组实用毛衫（3~5款）。
2. 利用波纹效应组织设计一组具有浪漫风格的毛衫（3~5款）。

第七章 毛衫图案设计

第一节 图案概念及其作用

图案是带有装饰意味的花纹或图形，其特点是结构整齐、匀称、协调。设计者根据使用和美化目的，按照材料并结合工艺、技术及经济条件等，通过艺术构思，对器物的造型、色彩、装饰纹样等进行设计，然后按设计方案制成的图案。

在毛衫设计过程中，图案可以分为平面图案设计与立体图案设计。设计师可以通过手工装饰、烫钻、褶皱、折裥、绣花、水洗、针法、印花、提花、贴布、手钩花、粗针、皮毛结合等工艺手法来展现图案风格，增加视觉效果的丰富性。此外设计师也可以通过改变针织组织肌理的变化来塑造风格迥异的毛衫款式，而图案本身的设计也可以更加丰富、多元。设计师不仅可以运用时下大热的字母、格纹、条纹等，还可以运用动物、植物花卉、卡通、迷彩等图案来设计，使针织毛衫不再千篇一律。图案及其表达方式确定好了，还可以通过改变其颜色、面料、廓型，增加细节、辅料等方式进一步创新，使得毛衫别具一格。

第二节 毛衫中常用的图案分类

毛衫的图案有多种分类方法，从艺术创作角度可以分为具象图案和抽象图案；从空间角度分为平面图案和立体图案；从平面构成的角度可分为点状构成图案、线状构成图案和面状构成图案；从构成形式可分为单独图案和连续图案；从工艺特点可分为提花、织、绣、绘、印、染、镂、缀、拼、漆等图案。

一、从艺术创作角度分类

1. 具象图案

毛衫具象图案是指具体形象的花卉、植物、动物、人物、卡通、风景、建筑等的变形，题材内容非常广泛（图7-1）。具象图案的设计主要运用提炼、概括、加减和联想等方法对自然形态进行变化。

2. 抽象图案

抽象图案以平面构成的设计原理及传统的几何形图案为基础，相对具象图案在设计风格上变化更大（图7-2）。由于毛织服装的工艺特点，几何图案在生产上有更强的可操作性，生产成本更低，更适合规模化生产。

图7-1 具象图案毛衫

图7-2 抽象图案毛衫

3. 几何图案

几何图案是以几何形如方形、圆形、三角形、菱形、多边形等为基本形式，通过主观思维对其形态加以创造性地发挥而产生的图案。条纹、菱形、矩形等几何图案都是毛衫设计中最丰富的设计元素。

（1）条纹

条纹是针织毛衫设计重要造型元素——线的体现。由于针织服装的工艺特点，立体的造型手法和装饰手法具有一定的局限性，条纹就成为最丰富的毛衫设计语言之一（图7-3）。条纹是一种明确的富有表现力的造型手段，能直观而概括地勾画出毛衫的形体特征和形体结构，在针织毛衫造型中既能构成多种形态，又能分割造型面和形态并起到装饰的作用。条纹包括横条纹、纵条纹、斜条纹、折线纹、曲条纹等，不同造型的线条及其组合具有不同的艺术内涵。毛衫款式中条纹的位置、方向以及变化组合，使其具有丰富的表现力和形式美感，如动感和静感、韵律感和节奏感。条纹的延续性则可表现出时间感和空间感。条纹的结构、组成条纹的色彩的量感和色的组合是条纹设计中需要注意的方面。条纹的设计借鉴从民族服饰和历史器物纹饰，如织锦、彩陶、青铜器纹样等。

条纹的排列有多种表达方式。并行直条纹能使人联想到跑道的运动感，比如阿迪达斯的标志性三直条纹；宽度相同、间距一致且间距较密的水平条纹给人横宽感；由粗到细、间距由大到小的水平条纹给人细长感；曲线及横竖不同的线条一起能产生变幻的流动感；排列顺序错位的条纹具有无序美，能产生视错现象，色彩搭配和色彩渐变可以强化这种感觉，具有较强的时尚感。运用不同色纱编织或者不同色彩印花形成色彩条纹，其不同状态、不同数量、不同间距的条纹线产生不同的视觉效果。

图7-3　条纹毛衫

（2）格子

格子是直边的几何体，工艺简单，是毛衫的主要图案（图7-4）。格子属于单个图形的组合和重复，易产生秩序感，有秩序地排列形成节奏，这种节奏能带来安静的平衡感。平衡感是秩序感的基本表现形式之一，是格子图案典型的美学特征。格子包括菱形格、方格、犬牙格、千鸟格等形式。格子变化主要由色彩的单一到丰富、品种的单调到繁杂、疏密排列以及格子的大小对比。菱形格设计时要注意毛衫底色、菱形格色彩和斜十字线色彩的空间用色关系，从而产生错落有致的层次感和张扬的力度，菱形格的面积比例也可打破常规。毛衫方格还可以利用正反针的交叉排列，组织结构变化或者纱线色彩组合。

图7-4　格子图案毛衫

　　格子和条纹在美学特征上的相似性与差异性使二者组合搭配富于变化又统一，格子和格子的组合体现了简单的复杂原理，格子类型、大小、不同部位格子面积、颜色与编织纹理的变化都可以形成不同的风格；格子还可以与其他图案如花卉、豹纹、动物以及其他面料如皮草、蕾丝、牛仔搭配，呈现各种服装风格，如乡村风格、学院风格、嬉皮士风格等。

　　（3）圆点

　　圆点也是毛衫设计中常用的几何图案。相对格子图案的男性气质，圆点更具女性特质，女性身体柔和的曲线、含蓄温婉的气质和圆点图案有一致的感觉。圆点的大小、色彩、位置和组合可以表现多种风格，不同的圆点图案搭配、波普设计细节以及高纯度色彩体现了20世纪50年代反叛正统的波普风格。

　　在毛衫图案设计中，二方连续是较为常见的一种图案，它可以通过不同的图案造型和色彩间的搭配组合，形成多种风格效果，具有很强的灵活性和适应性，能被不同层次的消费者接受。

二、从空间角度分类

1. 平面图案

　　平面图案设计是在二维空间中进行设计与应用的图案表现。毛衫设计中图案设计的题材，可以分为两大类：一类是具体的装饰形象，如动物、人物、植物花卉、风景、卡通形象、字母文字、器具等；另一类是抽象形象，如以方、圆、曲、直的线条和各类几何形体配合点线面的运用，展现节奏韵律的美，图7-5所示毛衫就是用线巧妙编织的纹路，表现了节奏韵律和工艺技巧。

图7-5　几何色块毛衫

2. 立体图案

立体图案设计是指在三维空间进行图案设计，形成具有空间效果的图案。当设计师不再满足于平面图案设计的乏味时，立体图案设计就成了一件有趣的事，越来越多的设计师会在立体图案设计中下功夫，制造毛衫的趣味感（图7-6）。

图7-6　立体图案的运用

三、从构成形式角度分类

1. 单独纹样

单独纹样是指没有外轮廓及骨骼限制，可单独处理、自由运用的一种装饰纹样（图7-7）。这种纹样的组织与周围其他纹样无直接联系，但也要注意纹样外形完整、结构严谨，避免松散零乱。单独纹样可以单独用作装饰，也可用作适合纹样和连续纹样的单位纹样。作为图案的最基本形式，单独纹样从布局上分为对称式和均衡式两种形式。

图7-7 单独纹样

2. 连续图案

连续图案是根据条理与反复的组织规律，以单位纹样作为重复排列，构成无限循环的图案（图7-8）。连续纹样中的单位纹样可以是单独纹样，也可以是组合纹样，或者是不具备独立性而一经连续却会产生意想不到的完整又丰富的连续效果的纹样。因此，在设计连续纹样时，除了要注意单位纹样本身，更重要的是如何根据连续的方向设计单位纹样的接口，这是产生连续效果的关键，连续的自然与否、紧凑与否、流畅优美与否，都与它息息相关。由于重复的方向不同，一般分为二方连续纹样和四方连续纹样两大类。

图7-8 连续图案

四、从平面构成角度分类

1. 点状构成图案

点状构成是以局部块面的图案呈现与针织毛衫上的，它具有集中、醒目的特点。点状构成图案大都属于单独纹样。点状构成在针织毛衫中的应用最为广泛，应用的形式也十分灵活多变，主要有单一式、重复式、演绎式构成、多元式构成等（图7-9）。

图7-9 点状图案

2. 线状构成图案

线状构成是以边缘或某一局部的细长形图案呈现于针织毛衫上的。线状构成在针织毛衫中的应用亦很广泛，它通过勾勒边缘、分割块面等形式使针织毛衫产生一种独特的美感，显得更加典雅、精致（图7-10）。用线状图案对相同款式的针织毛衫进行分割，会产生不同的视觉效果。线状构成以二方连续纹样或边缘纹样为主。构成方式有以下三种：勾勒边缘、分割块面、加宽重复。

图7-10 线状图案

3. 面状构成图案

面状构成就是常说的"满花装饰"，它是以纹样铺满整体的形式呈现于针织毛衫上的（图7-11）。当面状图案铺满整个针织毛衫时，再与人体的高低起伏结合在一起，面就开始向体转移。面状构成是直接融入毛衫款式的，所以面状构成的图案一般都是面料本身的图案，即通过设计师将面料图案转化为针织毛衫的图案。面状图案或以独幅面料的扩展为构成形式，或以四方连续图案或面状群合图案为构成形式。在针织毛衫上的应用也非常广泛，主要有以下三种形式：均匀分布、不均匀分布、组合拼接。

图7-11　面状构成图案

五、从工艺特点角度分类

从工艺特点角度来看，图案可分为提花、织、绣、绘、印、染、镂、缀、拼、漆等。此部分在第五章第四节毛衫装饰设计与表现中已有详细的阐述，此处略。

六、从图案设计题材角度分类

图案设计题材可以很广泛，包括文字、风景、人物、卡通漫画等。

1. 商标图案（图7-12）

有很多毛衫的图案本身就是自身商标，这样不仅可以起到宣传自己品牌的目的，也可以起到很好的装饰作用。商标纯粹是造型艺术，是标记产品来源和公司荣誉的记号。它造型单纯、小而统一，能起到在一瞬间最容易识别富有文化内涵的视觉语言效果，所以商标是公司、产品广告的代言。商标图案一般出现在毛衫的胸口部位，或者是以满身印花的形式出现。

图7-12　商标图案

2. 文字类图案（图7-13）

文字是人类文明进步的主要工具，也是人类文化的结晶之一，它是记录与表达人与人之间感情沟通的符号。由于文字源远流长，经历历史历练、岁月的琢磨，使得文字本身具备了形象艺术之美，它是文化交流最主要的传递者。字体造型是毛衫文字类图案设计的关键，中文、英文等各国语言文字经过设计师的设计将其概念、构思、立意与时代相融合，均可具有较强的艺术感染力和吸引力。

图7-13　文字类图案

3. 人物类图案（图7-14）

人乃社会的主宰，万物有灵，人物题材一直是各类艺术形式所表现的主要内容。以人物造型为题材的图案，也是毛衫图案的选材之一，比较多见的有人物肖像绘画图案、明星照片图案等。人物图案内涵丰富，姿态优美，表情生动，是人类美化自身、装饰生活的一个重要手段。

图7-14　人物类图案

4. 卡通漫画类图案（图7-15）

毛衫中的卡通漫画图案，通常色彩丰富，造型轻松、明快，形象风趣、幽默，装饰效果较好，充满童趣。

图7-15　卡通漫画图案

5. 综合构成图案

所谓综合构成图案，就是将点状、线状或面状构成综合运用在针织毛衫款式上的一种形式（图7-16）。综合构成的多方面结合以及图案分布所形成的中心与边缘、主体与衬托的关系，使针织毛衫款式更加具有层次感和丰富感。但一定要注意主次分明，不能只是简单的堆砌，从而造成形式的烦琐与拖沓。综合构成图案一般分为以下几种形式：点状加线状、面状加线状、面状加点状。

图7-16 综合构成图案

第三节 图案的应用及表现形式

一、毛衫款式中图案的设计与应用

（一）平面图案的设计与应用

平面图案是指在平面物体上所表现的各种装饰，详细概念详见本章第二节相关内容，这里不再赘述。平面图案相对来说比较端庄整齐，一经形成则相对比较固定，不容易变形（图7-17）。

图7-17 平面图案的应用

（二）立体图案在毛衫设计中的应用

立体图案是指出现在毛衫上的图案具有立体效果。如利用面料制作的立体花卉、褶皱、蝴蝶结、装饰纽扣等，或者用珠片、金属等在毛衫上层叠形成一定维度空间的装饰。立体图案可变性比较强，经常随着人体的活动可以有所改变，具有动感美。

立体图案与平面图案就在一念之差，二者存在转换的关系。将平面图案中的局部或是整体用手工装饰、烫钻、褶皱折裥、提花、贴布等形式表现出来即可形成立体图案（图7-18）。

图7-18　毛衫款式中的立体图案

二、毛衫设计中图案的表现形式

（一）毛衫图案设计的组织结构表现形式

毛衫设计中采用不同的组织设计可产生多种多样的图案装饰效果和风格。在毛衫的组织结构中，提花组织编织出的多姿多彩的图案构成了毛衫一道独特的风景，是目前应用较广的装饰形式。经典花形有条纹、菱形格和提花图案等。提花毛衫图案的立体感较强，花形逼真，其效果是平面印花织物所无法比拟的。图案设计时可选择卡通、动植物、人物，还是几何图案、民族纹样、绘画作品等图案作为主题，手法运用灵活多样。

充分发挥组织结构的修饰功能是推动毛衫时装化的有效手段，组织结构具有修饰性的功能就被设计师们挖掘出来，进行各种设计，大大丰富了针织毛衫的风格，如图7-19~图7-23所示，都是利用组织结构变化塑造风格迥异的毛衫图案。组织的修饰性是指组织形成的特殊外观在服装中起到美化、装饰作用的性能。各种组织的修饰性在表现形式上呈现出多样化的特征，给人们以不同的视觉效果，它是以表现美的造型、美的肌理、美的色彩为主的（图7-24、图7-25）。如罗纹组织呈现出线条的肌理特征、波纹组织呈现出曲折线的特征、绞花的麻花效应（图7-26）、其他各种凹凸（图7-27）、网眼效果（图7-28）、提花的色彩特征等。将这些组织运用到毛衫上时，又会呈现出一定的立体修饰性，也可以将不同组织的修饰效果运用在同一件毛衫上（图7-29），表现出不同的肌理风格，这正是毛衫设计的魅力所在。通过改变毛衫菱形格纹的色彩对比关系，也可以塑造出风格迥异的款式（图7-30）。

图7-19　序排锯齿

图7-20　迷你切块

图7-21 移针变幻

图7-22 异形细胞

图7-23 肌理条纹

图7-24 绚烂迷彩

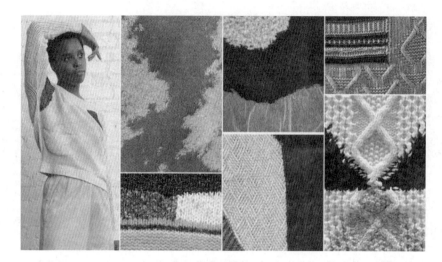

图7-25 组织色块

图7-26 细腻拐花

图7-27 立体切面

图7-28 菱格肌理

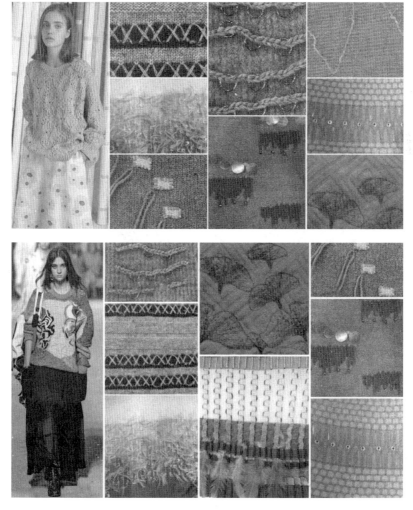

图7-29 多工艺组合

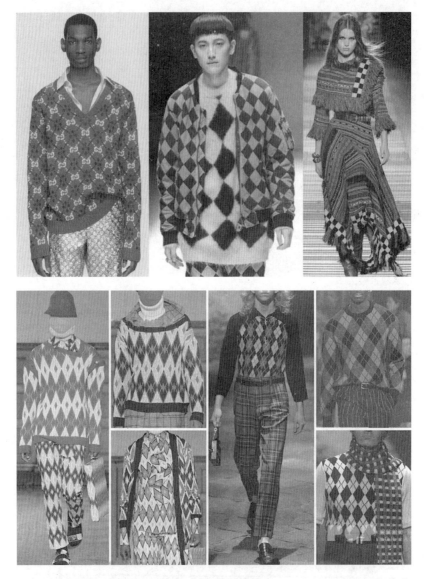

图7-30　菱形格纹

（二）毛衫图案设计的工艺表现形式

一是刺绣工艺。刺绣作为中国传统手工艺技法，近些年来越来越多地出现在服饰品设计中。其在针织毛衫中的应用更是使款式变化较小的针织毛衫设计细节和肌理变化得以丰富多变，对于着装者的个性展示起到了充分的宣扬作用。

二是手工立体装饰工艺。手工装饰包含很多，其中有钉镶、褶皱、贴布绣装饰等。钉镶装饰即直接在针织毛衫上用亮片、珠片等小的装饰品造型，是彰显手工制作魅力的一种细节装饰手法，装饰效果明显，视觉冲击力强（图7-31）。褶皱是服装设计中较为经典的设计元素，被誉为简约风格中的亮点。另外，贴布绣也是传统刺绣工艺的一种，既可用于简单的服装修补中，又有经堆叠、补纳、贴缝等方式进行深度创作，而制成的具有装饰效果的布艺品。毛衫设计中常使用贴布绣设计元素来提升品牌艺术感（图7-32）。

图7-31 钉镶工艺

图7-32 毛衫设计中的贴布绣工艺

在毛衫图案设计中，应充分考虑各种材质组合部分的创新变化，再将其结合应用以达成理想效果，这就需要设计师对每一部分都有非常深入的了解和把握。面料材质、图案设计、色彩搭配的掌握均是创新的基础，服装廓型、装饰部位、装饰风格、人体形态的研究又是创新的关键。因此，只有熟知每一个环节，图案设计中的创新实践才能有张有弛、有的放矢。

第四节　毛衫图案与其他设计要素的关系

一、毛衫图案与服装造型的关系

毛衫款式造型是整个服装形象的"基础型"，是服装与人体之间的特定空间关系。针织服装造型在很大程度上限定了服饰图案的形态格局和风格倾向。服饰图案设计需要接受服装造型的设定，以相应的形式体现其限定性。不同的造型赋予针织服装不同的特点，服饰图案设计应该根据不同的毛衫款式造型在形式上做出相应的变化，力求以最为贴切的形式融入服装造型的形式格局，与之保持形式意味倾向的一致。

二、毛衫图案与服饰色彩的关系

毛衫的色彩对图案也有明显的影响。当针织服装色彩比较暗淡时，通常会采用比较醒目的图案设计，以打破由于色彩暗淡造成针织服装整体风格的沉闷感，增加针织服装的层次感；当针织服装色彩比较鲜亮时，图案的色彩可以使用鲜亮色或者沉静色，使用鲜亮色可使毛衫款式看起来更加亮丽，使用沉静色则使毛衫活泼中带有一丝稳重。局部装饰或相拼图案可以衬托毛衫色彩。一般来说，色彩沉稳或色彩变化较少的毛衫，图案可以多一些、复杂一些，只要图案的位置、数量、大小得当，就可以与针织服装色彩相互呼应、相得益彰；但是，如果图案的数量多到在针织服装上整体采用图案，那么由于图案形象如天女散花般满眼皆是，就会使人的视线散开，从而极大地削弱服装的色彩（图7-33）。图案的色彩、大小以及排列形式带给人不同的视觉冲击，通常色彩单一的针织服装上经常采用大、密、艳丽的图案，使得图案成为服装的视觉中心。

图7-33　图案与色彩的关系

第五节　毛衫图案的表现形式

针织服装和机织服装在图案的表现上具有一定的区别。除了常见的印花以外，毛衫图案的主要表现手段为工艺表现即针织组织肌理的变化组合，通过实际的工艺操作，在毛衫上将图案表现出来。毛衫图案和技术手段、服装材料相结合，能够增强技巧性，形式也可以得到丰富，从而增强毛衫的艺术表现力和感染力。

1. 提花织物

提花是最具有毛衫特色的一种图案实现形式。提花图案的意匠图与实际编织出的图案是有一定比例关系的。对图形的抽象与概括能力和对色彩的搭配与掌控能力是提花毛衫设计的两个关键。提花图案的意匠图格子大小和毛衫纵横密要吻合，实际编织出的图案比例才不会失真。人物肖像的提花意匠图要几何简化外形，并表现出色彩的层次感；风景建筑的意匠图讲究图形的布局，多以直线条和色块出现。

2. 纱线的变化

利用纱线自身的外观特征或纱线交织形成的肌理效果，也可创造出具有视觉冲击力的毛衫图案。选择有表现力的纱线是毛衫设计成功的一半，利用纱线的可塑性和丰富性，充分发挥纱线的色彩表现力，可以使毛衫获得丰富多变的图案。纱线成分、粗细、捻度和捻向变化都会影响图案的色彩表现质感和色光效果。纱线的粗细不同色光效果不同，比如高支棉细腻光滑、色彩鲜艳，低支棉粗糙厚重、色彩暗淡朴素。花式纱线会使毛衫的色彩表现力更丰富新奇；金银丝具有奢华感；闪光纱拥有金属光和爽质感；有光丝和黏胶流光溢彩；渐变色纱、段染纱线形成不规则的随机云斑；节子线、小圆珠线、毛圈纱具有羽毛般的外观；斑点竹节纱和反光花式粗纱采用厚实、波浪及疏松的结构，具有绞花或涂鸦效果，艺术味道浓郁。在运用和设计中可以根据需要进行纱线的组合选择表现不同的图案效果（图7-34）。

图7-34 花式纱线形成丰富的视觉效果

3. 组织结构构成

组织结构是毛衫独具魅力的地方，包括纬平组织、罗纹组织、双方面组织、移圈组织、菠萝组织、毛圈组织、添纱组织、衬垫组织等。不同的组织结构具有不同的肌理，可以形成不同的图案，比如费尔岛格纹、菱形正反针形成的方格、波纹组织的折线条纹、扭花组织的曲线、挑花组织的镂空图案等，产生虚实、疏密、透漏的毛衫视觉效果变化。

组织结构条纹线是由组织结构所形成的线条，不同的组织结构能形成不同形式、不同种类的线条，平面条纹变成了立体条纹，形成了立体几何图案，增强了层次感，使针织服装更具肌理感。组织结构线在毛衫造型设计中的运用比较广泛，是毛衫造型设计的特色之一，应该充分考虑运用各种针织物组织所产生的组织结构条纹线所带来的视觉效果及所体现的风格特征。如罗纹组织形成直条纹，波纹组织形成折线条纹，扭花组织形成曲线条纹等。

镂空组织本身就是一种图案化的造型，没有色彩和材质，由虚形构成，依靠底色或其他材质衬托本身的造型，构成具有特定外形、色彩和质感的完整的服装图案。色彩一般要与底色形成一定的距离感，强调突出的部分，与其他材料相配产生主次关系。镂空图案与其他图案的不同在于有虚实、远近，更具层次感。当镂空图案直接运用到人体表面时，可借助肌肤构成完整的图案，肌肤的色彩和质感与面料形成对比、互为映衬。由于镂空图案突出的视觉特征较易成为视觉中心，常可用于强调人体部位。

此外毛衫组织结构不同密度的配合可在色彩上获得一种渐变的效果，还可在局部采用很稀或很密的组织结构构成图案。

4. 钩编

钩针编织也是极具特色的毛衫图案表现形式，采用辫子针、长针、短针等基础手法组合编织出具有民俗特色和乡村风格的图案，具有"露、弹、密、柔、活"的艺术风格（图7-35）。钩编图案可塑性强，可以达到无限样式与任意规格。经常用于毛衫边缘和局部，也可以用于整件毛衫。

图7-35　毛衫钩编效果

5. 印花

印花毛衫具有花形变化多、色泽鲜艳、图案逼真、手感柔软的特点（图7-36）。毛衫印花通常有平板筛网印花和圆筒筛网印花两种，前者适用于衣片的印花，后者适用于连续性的印花。毛衫除一小部分采用圆筒筛网印花外，大多数都采用平板筛网印花，在平板筛网印花中又以手工台板印花为主。毛衫筛网印花按具体工艺的不同，主要可分为汽蒸印花、涂料印花、低温印花和浮雕印花。数码喷墨印花是近年来兴起的新技术，适合小批量、反应快的生产要求。应用计算机技术，可印制同一图案的不同色调的系列图案，在生产过程中可以不断修改图案、色彩。印花可以与刺绣、附加装饰等多种装饰方法相结合，形成立体装饰效果，将现代化技术手段与民族的传统工艺相结合，带来全新的图案设计思维。

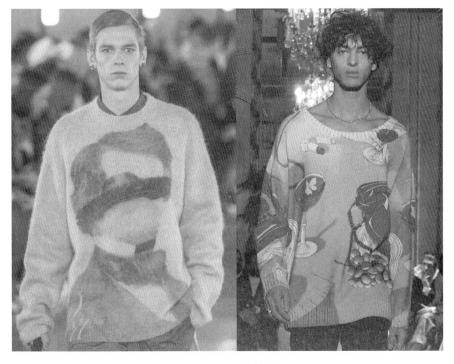

图7-36　印花效果

花卉的立体造型设计是也是女装装饰的重要手段之一。立体花朵通常以配角出现，如局部点缀的胸花、立体花边等。近年来，立体花卉图案的表现方式在毛衫中逐渐流行开来。可以是大朵的立体花卉或堆在胸前、或缠绕于腰间，也可以是单枝花。其中3D效果尤为抢眼，材质也更加丰富多彩。

6. 混搭的装饰手段

随着产业的发展，除了用传统手法表现的花卉图案，诸多现代装饰风格以及各种手法的混搭层出不穷，如烫钻、缝缀异色装饰线（图7-37）、珠绣（图7-38）、布贴、切割、绗缝及填充物，以及多种装饰元素的混合等。让花卉图案呈现出别样的视觉外观，成为毛衫设计的一大主流。喷绘、钉珠、绣花、彩绘、缀、拼接、贴花等处理手法表现的是平面视觉效果的图案。抽褶、解构、编结盘绕、立体肌理造型等常规装饰手段获得立体视觉效果的图案。

图7-37 缝缀装饰线　　　　　　　　　图7-38 珠绣毛衫

总之，图案在毛衫设计中起到修饰、强化的作用，使原本平淡的毛衫更具审美性。毛衫的图案设计可以从构成、色彩、材料、工艺技术等方面分析探讨，达到提升毛衫的设计内涵的目的。

思考和与练习

1. 毛衫款式设计中的图案与平面构成设计中的图案有何关联与区别？在设计中如何协调图案与毛衫整体风格的关系？

2. 尝试设计不同风格图案运用于毛衫款式中，以简单着装效果图表现出来（可以用手绘形式或者电脑操作）。

3. 尝试设计一组立体图案造型的毛衫（3~5款）。

第八章　创意毛衫设计

　　创意是创造意识或创新意识的简称。创意是具有新颖性和创造性的想法，是打破常规，破旧立新的创造与思维碰撞、智慧对接。设计是"人为了实现意图的创造性活动"，反映了人的目的性和活动的创造性集合。创意设计可视为由创意与设计两部分构成的，将富有创造性的思维、理念以及设计的方式予以延伸、呈现与诠释的过程或结果。创意设计需要融入"与众不同的设计理念"，把创意融入设计中，是一种"初级设计"和"次设计"的设计形态。如图8-1所示，以下几款毛衫，从造型、色彩等方面进行创新设计，塑造了毛衫的时尚性和前卫性，以满足消费者多元化的需求。

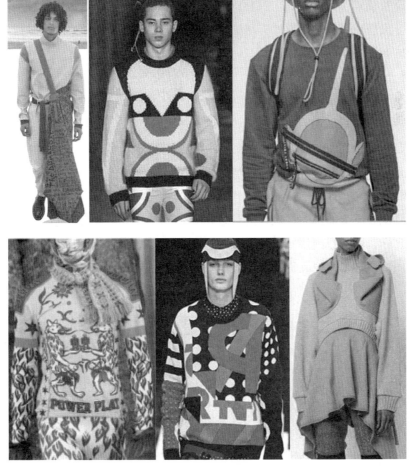

图8-1　创意毛衫款式

设计创意是设计师经过对客观世界的概括、联想、想象、加工、组合、创造后升华形成的全新的概念，不同的设计创意蕴藏着不同的思维方式、不同的思维创造过程及其结果。

思维是一种客观现象，它具有一定的规律，是人脑对客观事物的反映，同时也是人类智力活动的主要表现形式。创造性思维是人们在从事创造性活动时头脑中发生的思维活动，它有着多种多样的表现形式。在实际运用中，这多种思维形式是协调统一、相互配合的。

第一节　毛衫设计创意的程序

毛衫设计创意就是灵感出现以后，需要有一定的表现程序来处理。一般而言，灵感的表现程序有以下三个步骤。

1. 创意漫想

灵感有时是一个不可捉摸的思想精灵，它常常不期而至。因此，迎接灵感的出现最好以漫想的方式进行。所谓漫想是指不经意和无羁绊的想象，是在轻松的气氛中进行的。漫想的过程是从量变到质变的积累，灵感既可能在漫想的过程中出现，也可能会在漫想中断后突然出现。漫想也可以利用设计方法中的联想法进行，由一个事物展开，发散思维，直至出现所需的灵感。

2. 灵感记录

由于灵感是短暂的，所以若不及时做记录，便会稍纵即逝。即使以后还会出现同样的灵感，但就其时间意义和原创意义来说，显然不如第一次出现的那么有价值。记录灵感的方式可以是多种多样的，按照个人的习惯和意愿而定。记录方式可以是草图，可以是文字，也可以是符号等，只要自己能够看懂就可以了。

3. 草图绘制与整理

通过整理记录下来的灵感，选择适合运用到毛衫设计中的元素。并对每个灵感进行一定程度的再创作，从中找出最佳设计方案。整理设计灵感一般在可视状态中进行，即通过绘制大致草图的方式来整理灵感，通过整理和再创作，确定最后设计方案。

第二节　毛衫创意设计的思维方法

设计思维是以人为本的设计精神与方法，考虑人的需求、行为，也考量科技或商业的可行性。通过感性分析，并注重了解、发现、构思、执行的过程。我们可以看出设计思维具有系统化解决问题的策略，能够帮助我们解决一些复杂的设计问题。

设计思维框架由IDEO开发出来，通过五步来实现设计思维的价值：同理心—需求定义—创意构思—原型—测试，这个方法的核心是关注同理心，或者是用初学者的心态，让自己沉浸在用户体验中，以发现深层需求。通过这种方式我们能很好地解决产品问题，下文中会详细介绍每个阶段。

设计思维是指构思的方式，是设计的突破口。毛衫产品设计作为艺术与技术结合的产物，仅仅运用常规的思维方式进行设计是不够的，要善于运用多方位思维方式，不拘泥于一个方向和一种模式，而是各种思维形式交叉发挥功能，并协同产生前所未有的独特思维成果的综合性思维。毛衫设计中经常运用的设计思维有以下八种。

（一）发散设计思维

发散思维方式是根据事物与事物之间的相互联系的规律，从一个事物出发，跳跃性地联想出多种信息点的思维方式。在发散性思维中，设计师可以在事物自身领域内进行横向或纵向的比较思考，也可以从交叉的领域通过联想而获得灵感。发散思维方式可以开阔设计师的思路，在主题设计中以点带面、举一反三，从更宽广的范畴创造出新的艺术作品。

发散性思维有四种运行方式：链接式发散性思维、放射状面性发散思维、辐射式体性发散性思维、复合式发散性思维。链接式发散性思维方式的特点是连续性强，以一个主题为出发点向外发展，每一个发散的事物与前一事物有着紧密的联系，呈现出直线状的形态；放射状面性发散性思维方式具有很强的跳跃性，以一个主题为中心，从多个角度、多个方向进行思维发散，每一发散线上的事物之间联系比较隐秘，呈现出放射性的形态；辐射式体性发散性思维方式相比前两种更加立体，同样是以一个主题为中心，但在思维发散时增加了时间和空间方面的考虑；复合式发散性思维就是将以上几种发散性思维方式结合，这种思维方式比前面几种思维方式能更加的深入和全面。

（二）收敛设计思维

收敛思维又称集中思维或定向思维，其特点是在已知的范围内借助发散思维找出多个设计点，然后深入构思并找到切入点。收敛思维主要用于设计的中、后期。收敛式思维的主要功能是求同，操作特征是小心求证。收敛思维又称"聚合思维""求同思维""辐集思维"或"集中思维"。特点是使思维始终集中于同一方向，使思维条理化、简明化、逻辑化、规律化。收敛思维与发散思维，如同"一个钱币的两面"，是对立的统一，具有互补性，不可偏废。收敛思维对信息进行抽象、概括、推理，判断、比较，使之朝着一个方向聚敛集中，形成一种较为理想的答案。收敛思维对人们认识事物的本质、揭示客观规律有着重要作用，同时又是人类从事创造性活动十分重要的一个部分。

（三）创造设计思维

创造性思维是一种打破常规、开拓创新的思维形式。突破是设计创造性思维的核心和实质。创造性设计思维的外在表现活动过程在于突破已有束缚，以独创性、新颖性的崭新观念和形式形成设计创意构思。没有创造性思维就没有设计创新，设计与创新密不可分，创新是设计思维的灵魂与核心，是创造性设计思维的本质要求。设计思维是实现设计创新的有效途径，设计活动的核心价值依靠创造性设计思维创造。

（四）灵感设计思维

灵感设计思维是由灵感引发创作冲动而进行设计。灵感设计思维有两种表现形式，分别为从抽象到具象和从具象到抽象。灵感是人们在某一直觉的激发下，对某一问题的解决获得了突如其来的领悟或者启发。灵感可以分为来自外界的偶然机遇型灵感和来自内部的积淀意识型灵感，它的产生在时间和空间上都具有不确定性，但它的产生条件又具有相对的确定性，它需要特定思想文化的积累，一定程度的智力水平，以及良好的精神状态、认真的思考和探索。

1. 灵感的特征

灵感具备以下四个特征。

（1）突发性

灵感通常是突然出现在设计师的脑海中的。但突发性的背后具有某种必然性，当人们集中精力于某事物时候，对该事物的一切都会倾注大量心血，对所有与该事物有关的东西都若有所思，久而久之，就会触类旁通，豁然开朗。因此，设计师刻意等待灵感的出现是不可取的。

（2）增量性

灵感不会光顾没有准备的脑子。刚开始接触毛衫设计时，由于头脑中设计素材不足、经验不多，灵感出现的频率就会很低。随着设计经验和成果的不断积累，灵感出现的频率也会逐渐增加，发展到后来，灵感的获取变得轻易而频繁。

（3）短暂性

灵感是突发的，也是短暂的。灵感常常是一闪即逝，在脑中长时间保留清晰的灵感是非常困难的。灵感毕竟属于想象中的东西，而非实物形态，形象的可感知性自然没有实物的可感知性强。倘若对出现的灵感不及时记录，很有可能再也想不起来当时的灵感内容。因此，设计师必须及时做好灵感的记录工作。

（4）专业性

灵感的种类数不胜数。一般来说，灵感出现的专业性较强，专门选择专业对口的头脑落户，事实上也是人们长期专注于某个事物而产生的思维结果。灵感不会自作多情地张冠李戴，就好像机械工程师的脑袋里永远不会出现毛衫设计的灵感。

2. 捕捉灵感的方法

①要在大脑中形成灵感闪现的诱发势态创造者在强烈创造欲望的支配下，把自己的兴趣、注意力、思维和情感全部计中到创造目标上，搜寻和调动起全部有关的经验、知识、信息、分析思维的各个方面，使思维进入一触即发的饱和状态。

②善于科学用脑、张弛结合。只有在紧张的思维松弛之后才易进入意识领域，外部偶然机遇的信息也只有在紧张的思维松弛之后，才容易被及时感知和吸入到思维热场中。

③要及时捕捉和发展灵感闪现的创造性火花。灵感稍纵即逝，有经验的创造者都有

随时记录的好习惯。此外，灵感一般是给创造者提供一种关于解决问题关键环节的观念和思路，要把这种观念和思路变成创造性地解决问题的完整方案，还需要大量甚至艰巨的发展、完善工作。创造者在灵感闪现后趁热打铁，一鼓作气，才能使灵感闪现的创造性火花得以保持、发展和完善，从而获得创造的成功。

（五）常规设计思维

常规设计思维又称正向思维，是人们习惯的一种思维方式，这种方式是直接发现问题，根据问题的焦点从正面或表面上直接寻找解决问题的办法。

（六）逆向设计思维

逆向设计思维又称反向思维，就是不同于人们习惯的思路走向，进行逆向思考，设想一些出乎人们意料的新方案的思维方式。它是指设计师在遇到用原有思路无法解决的问题时，抛开以往的思维习惯和模式，主动改变思考角度，从逆向、侧向进行分析推导，从常规中求变异，从相似中寻创新，从反向中觅突破，从而出奇制胜，使问题得以圆满解决。逆向思维主要是从事物的对立面思考整个过程，并且从相反的角度提出新的方向，建立相关切入点，提出新的认知，采用新的思考方法进行优化，抛开过去传统的思考方式，从而得到意想不到的结果。

逆向思维设计具有的特点主要包括以下三个方面：①普遍性。就目前的情况来看，在各个领域以及各个活动中，对于逆向思维都存在一定的实用性。②批判性。能够有效地克服思维定式，破除经验以及习惯所造成的一系列认知。③新颖性。不断地进行创新，能给人一种耳目一新的感觉。

在毛衫的创新设计中，将思维不停地从逆向和反向两个方向上延伸，冲破传统习惯模式的禁锢，用逆向法进行设计构思，从批判否定的角度打开创造性思维的大门，进入新的创新思维空间，可以产生许多引人入胜、新颖别致的毛衫款式。毛衫设计是一种创造、创新活动，富有创新精神的设计师，为了达到创新目的，可以抛弃各种障碍，包括自己原来已经掌握和使用的方法。"障碍在于已知"，习惯性思维的消极性就在于思路固定、狭窄、缺乏创新。掌握逆向思维的真谛，就可以突破既有观念，独辟蹊径而获得形式上的独创性。毛衫设计的逆向思维可以在着装观念、款式构成、材料选择、色彩配置、制作工艺、搭配形式等多个方面展开。

（七）联想设计思维

联想设计思维是指由一事物联想到另一事物的思维方法，联想能使设计者从更广阔的范围内创造新的艺术形象。联想是感性形象对思维过程渗透的一种运动形式。联想思维能力的培养需要长期的知识、经验积累，见识越广，联想空间越大。联想思维能力的培养还需要注意形成良好的思考解决问题的习惯，有了知识和经验的积累，再加上良好的思维习惯就可以最大化地发挥联想思维能力。

联想是一种很容易掌握的思维方法，能够很有效地帮助我们创造新的形象。它可以分为：接近联想，比如坐上火车，就能想到到站的情景；相似联想，比如看到一条玩具鱼，就会想到水里游来游去的鱼群；对比联想，这是一种差异化的联想，反差很大，比如看到红色，想到绿色；因果联想，比如看到一粒豆子，就想到它破土发芽。

（八）无理设计思维

无理设计思维就是打破思维的合理性而进行一些不太合理的思考，然后在这些不合理的思考中寻找灵感，发现突破口（图8-2）。通过不合理甚至没有道理的思考，改变事物的原有形象，使人们看到更加有趣的设计，从而创造一种新奇的意境。这种思维方式往往会帮助设计师探索针织毛衫的新形式，催生出很多后现代主义的前卫设计。这是一种非理性的、散漫的、随意的、跳跃的、具有游戏形制的思维方式。这种思维方式在设计之初并没有具体的目标和设计方法，而是受到某种事物的启发、刺激而萌生的设计灵感过程。它打破合理的思考角度，选择不合理的角度进行思考，从这些不合理中寻找灵感，整理出较合理的部分展开设计。

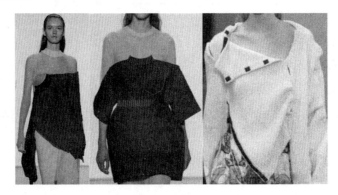

图8-2 无理设计

无理设计思维以自由嫁接的态度对待事物，对规律提出质疑，并对合理性进行破坏，对规则进行拆解，反对任何观念、范畴，是一种超然、一种调侃、一种黑色幽默的思维。在这一思维的指导下，满是破洞的毛衫应运而生。这种思维方式可以充分挖掘现代设计中大众文化追求表层感官满足的特性，将许多设计元素进行创新组合，通过传统形式美和艳俗内容的结合让设计以妖艳、甜俗的美感来嘲弄往日的审美标准，这种调侃的思维方式带来的设计结果可以博得社会大众的兴趣和关注。

第三节 创意毛衫设计的素材来源

无论是偶发型设计还是目标型设计，都需要在设计之前收集相关的设计素材。对于偶发型设计而言，最初的设计冲动可能来自不经意间的发现，或者突然间的想法，然而真正进入设计创作阶段后，仍需要寻找大量有关的设计素材作为补充，才能设计出好作品。对于目标型设计，因为有既定的设计方向，收集与之有关的素材资料更是不可或缺的，这是获得设计构思诱发和启迪的必要手段。

　　常见的灵感素材可以从以下七个方面获得。

（一）自然生态

　　自然素材历来是服装设计的一个重要来源。在这大千世界中，大自然给予了我们人类太多的东西：雄伟壮丽的山川河流、纤巧美丽的花卉草木、风云变幻的春夏秋冬、凶悍可爱的动物世界等。大自然的美丽景物与色彩，为我们提供了取之不尽用之不竭的灵感素材。设计中我们可以从轮廓形状、色彩图案、材料肌理等方面进行创作（图8-3）。

图8-3　自然生态元素在毛衫中的运用

（二）历史文化

　　历史文化中有许多值得借鉴的地方，从前人积累的文化遗产和审美趣味中，可以提取精华，使之变成符合现代审美要求的原始素材，通过采用这种方法取得成功的设计中举不胜举。

（三）民俗文化

　　民俗文化是现代服装设计中的灵魂文化，是服装设计的灵魂和激情的源泉。世界上每一个民族都有着各自不同的文化背景与民族文化，无论是服装样式、宗教观念、审美观念、文化艺术、风俗习惯等均有本民族不同的个性。这些具有代表性的民族特征都可以成为设计师的创作灵感。通过摄取这些民俗文化的精髓，继承、改良、发展并赋予它新的形式，强调民族的内涵、灵魂，皆可获得其有文化特色的灵感素材。例如，中国传统文化中特有的吉祥图案、瓷器、脸谱、剪纸艺术等已被广泛运用到毛衫设计中，这些灵感的钥匙仍需要我们不断挖掘（图8-4）。

图8-4　龙图腾图案

（四）文化艺术

各艺术之间有很多触类旁通之处，与音乐、舞蹈、电影、绘画、文学艺术一样，针织毛衫也是一种艺术形式。各类文化艺术的素材都会给针织毛衫带来新的表现形式，它们在文化艺术的大家庭里是共同发展的。因此，设计师在设计针织服装时不可避免地会与其他艺术形式融会贯通，从音乐舞蹈到电影艺术，从绘画艺术到建筑艺术，从新古典主义到浪漫主义，从立体主义到超现实主义，从达达主义到波普艺术等艺术流派，这些风格迥异的艺术形式，都会给设计师带来无穷的设计灵感。

（五）社会动向

服装是社会生活的一面镜子，它的设计及其风貌反映了一定历史时期的社会文化动态。人生活在现实社会环境之中，每一次的社会变化、社会变革都会给人们留下深刻的印象。社会文化的新思潮、社会运动的新动向、体育运动、流行新时尚及大型节日、庆典活动等，都会在不同程度上传递一种时尚信息，影响到各行业以及不同层面的人们，同时为设计师提供者创作的素材，敏感的设计师就会捕捉到这种新思潮、新观念、新时尚的变化，并推出符合时代运动、时尚流行的毛衫。如图8-5所示，该毛衫无论是从色彩上，还是款式上都体现了时下的流行气息。

图8-5　符合时代潮流的毛衫

（六）科学技术

科学技术的进步，带动了新型纺织品材料的开发和加工技术的应用，开阔了设计师的思路，也给毛衫设计带来了无限的创意空间及全新的设计理念。

科技成果激发设计灵感主要表现在两个方面：其一，利用服装的形式表现科技成果；其二，可以以成果为题材，反映当代社会的进步。

（七）日常生活

日常生活的内容包罗万象，能够触动灵感神经的东西可谓无处不在：在衣食住行中，在社交礼仪中，在工作过程中，在休闲消遣中，一件装饰物、一块古董面料、一张有设计感的海报等，都可以引发设计师无尽的创作灵感（图8-6）。

图8-6　日常生活元素在毛衫中的运用

第四节　成衣类毛衫创意设计

创意毛衫设计既要有好的主题内容，也需要有新鲜感的造型。毛衫造型在表现毛衫风格及设计内涵方面起着举足轻重的作用。其中，毛衫组织肌理的创新变化设计在第六章《毛衫的组织结构设计》中已进行了详细的阐述，本节主要就毛衫的廓型、细节，以及面料再造等方面来进行展开分析。别具一格的装饰手段可以起到画龙点睛的作用，是毛衫创意设计不可或缺的一部分，装饰上的创意也可以有效地体现服装的整体设计。

毛衫创意设计有很大的发挥空间，包括面料、色彩、款式等方面。女装毛衫与男装毛衫（图8-7）和童装毛衫相比，更注重材质的搭配、色彩的协调和造型的变化，更需要通过融入不同的时尚元素来表达不同的创意。

图8-7　男装毛衫款式

（一）材质混搭彰显毛衫的时尚设计

粗针毛线与皮草两种不同材质相结合，时尚而典雅，粗针的效果随意而休闲，勾勒出暖冬的味道；柔软而华丽的皮草运用在领子部位，凸显贵族气质，也很实用；袖口、腰带和下摆处的粗罗纹与整体风格相呼应。皮革与粗针毛线的结合，利用两者视觉肌理的不同，材料产生硬的风格元素，有提花的粗针毛线产生软的风格元素，再加上色彩相对明艳的皮革产生硬的视觉肌理，而灰色为主色的毛线产生软的视觉肌理。把这两种相互矛盾的材料和色彩放在一款衣服上，产生强烈的对比和冲击，从而在意识上给人反传统和叛逆的感觉，在视觉效果上也能让人眼前一亮，同时在感官上给人阴柔与阳刚并存的艺术效果。

毛衫是由纱线直接编织到成衣的过程，不同纱线的不同品质及风格直接影响着毛衫的不同表现，因此，在进行毛衫创意设计时，应充分重视纱线的选用，特别是花式纱线丰富多变的风格为毛衫增加了很多的创意。绿色创新材料、前沿科技材料、先进功能材料等各类纱线在保证毛衣保暖性的同时，也能大大提高毛衫的时尚性。如图8-8所示毛衫就是通过材料混搭或先进功能材料大大提升毛衫的时尚感。

图8-8　材料混搭、先进功能材料提高毛衫的时尚感

（二）打破常规的造型设计标新立异

设计师可以尝试将内衣的元素（比如这几年流行的蕾丝面料）运用到毛衫的设计上，这种内衣外穿的造型风格打破常规，让人耳目一新，因而具有标新立异的时尚设计效果。有规则的抽针可以获得疏与密的虚实对比，即可起到若隐若现的性感效果，这种别致的造

型可以单穿，也可以搭配不同的衣服呈现出不同的风格。比如，设计师可以通过将女性化设计元素运用在男装设计中，塑造男装丰富多彩的视觉效果，符合了时下男色时代的审美需求（图8-9）。

图8-9 男装设计中的女性化元素

（三）把握针织面料特性进行创意造型设计

针织面料极富弹性、柔软性等特征，和机织面料存在很大的差别。毛衫设计师可利用毛衫面料的特性，塑造一些不规律褶裥，也可根据自己的喜好随意地进行造型设计，往往可以取得意想不到的效果（图8-10）。设计师可以通过立体裁剪的手法，通过抽缩、捏褶等手法塑造出各种不同的造型。

图8-10 利用毛衫材质的柔性塑造女性化特征

（四）特殊工艺表现装饰效果设计

在毛衫中运用不同的组织结构，通过收放能够表现出层层叠叠的波浪效果，抽带、宽系带更添女人味，小吊带、裸露的双肩和超短的下摆都表现出简洁时尚、美丽性感。而且，每个细节设计的推陈出新、每个有新意的细节都和整体外形相互协调，完整统一。如

图8-11所示，是利用时下宽肩的流行元素来塑造毛衫男性化、帅气的一面。如图8-12所示，是利用明亮的色彩进行撞色设计，毛衫整体呈现活泼、生动的时尚气息。

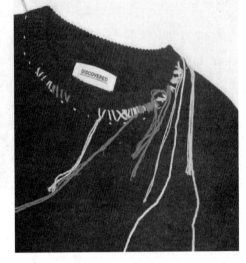

图8-11　宽肩造型体现时下流行　　　　图8-12　领子的撞色线条体现时下流行

　　设计师充分利用每个细节与整体风格的协调完整性，再加上女性味十足的波浪、抽带（图8-13）、花朵、荷叶边（图8-14）等，成功表达出了时尚、性感、女人味十足的现代新女性形象。因此，在针织服装设计上用机织面料表现出的立体效果，针织面料同样也能表现出来。

图8-13　毛衫中的抽带设计　　　　　图8-14　毛衫中的荷叶边褶皱设计

　　如图8-15（1）所示，通过领帽部位打破常规的设计塑造服装的个性。如图8-15（2）所示，则在中规中矩的毛衫帽子上点缀了一根羽毛，大大提升了服装的个性特征和时尚性。

　　因此，设计师可以充分利用这些工艺手段来提升产品的视觉效果和时尚性，丰富设计视觉语言。

（1）　　　　　　　　　　　　　　　（2）

图8-15　工艺细节体现毛衫的时尚性

（五）非对称造型设计

在思想解放、个性张扬的今天，非对称形式的毛衫设计更能受到追求时尚创意年轻人的青睐。非对称毛衫廓型具备无规则、无秩序、随意划分的特性，打破常规毛衫的枯燥乏味感，具有生动丰富的视觉印象，强调个性，突出变化，符合当代人对美的追求（图8-16）。

图8-16　非对称毛衫造型设计

（六）毛衫面料的二次加工设计

面料的二次加工是指借助传统或现代化科技手段对面料进行塑造，使其产生丰富的视觉效果和触觉肌理。面料的二次加工不仅是服装设计的重要表现手法之一，更是表达设计师创意理念的重要载体。随着针织服装设计与国际水平的接轨，以及针织服装与机织服装之间界限的逐渐消融，面料的二次加工将会在毛衫设计中起到越来越重要的作用。

（七）毛衫创意设计典型案例分析

作为毛衫最重要的设计语言，几何图案推动了毛衫时尚界的各种时尚风潮——波西米亚、运动风格、欧普风格、民族主义装饰等。它使得毛衫的设计风格更加多元化，更具有生命力和艺术感染力。比如，Missoni（米索尼）式的色彩和几何抽象纹样赋予了毛衫在图案表现力上更大的设计空间。在毛衫上采用极细或极粗的组织，能获得均匀或非均匀的条纹，构成了针织毛衫一道独特的风景。

Missoni工艺来源于意大利著名针织品牌——Missoni（米索尼）。该品牌的设计特色是"色彩+条纹+针织"。Missoni式的色彩和几何抽象纹样如同万花筒，没有重复只有风格:条形花纹、锯齿纹样、利用平针和人字纹组织配合形成微微波折的细条纹、提花图案等，使毛衫看起来像人体上的一幅立体画，再加上调配得缤纷多彩的色系，使毛衫呈现出精彩绝伦的非凡面貌。设计独具匠心、舒适合体、随意自然，又能在时尚感和艺术效果上更为完美，品质超群的针织时装，正契合了目前崇尚自然与休闲的主流消费观。锯齿状色彩条纹作为重要的花形图案表现形式之一，给予了毛衫更丰富的图案表现力。在了解毛衫性能的基础上，挖掘Missoni工艺的创新点并进行分析，从而丰富毛衫的设计，将为毛衫行业带来更为广阔的市场。

近年来，人们崇尚休闲、运动的生活方式，针织服装以极快的发展速度，越来越成为服装流行的焦点，并且趋向时装化、成衣化发展。特别是新材料、新工艺、新技术的大量应用，使针织面料种类更加丰富，面料的性能更加优良。因而针织服装在现代生活中占据越来越重要的地位，具有机织服装所不能替代的作用和效果。针织服装设计是针织服装企业生存、发展的创造源泉和经济支柱，同时，也是当代实用服装设计艺术和现代针织服装面料技术的有机结合。

优秀的针织服装设计师，必须具有扎实的针织面料与服装方面的专业知识和强烈的市场意识。而优秀的毛衫创意设计，关键在于独特的灵感、巧妙的构思、外在形式的呼应，因为只有这样才能使毛衫设计既有鲜明的个性特征，又有能体现出创意设计所应具备的功能和特点，从而达到更高的毛衫创意设计艺术成就。

第五节　创意毛衫设计方法

设计方法是指结合设计要求运用设计语言、设计规律完成设计的手段。它通过对构成服装的众要素进行变化重组，使其具有崭新的、符合审美要求的面貌，从而完成毛衫新款的创造。这些设计方法既可以单独使用，也可以综合，灵活运用，为设计实践服务。

1. 同形异构法

利用针织服装上可变的设计要素，使一种毛衫外形衍生出很多种设计，色彩、面料、结构、图案、装饰等服装设计要素都可以进行异构变化，例如，可以在其内部进行不同的分割设计。这需要充分把握好毛衫款式的结构特性，线条分割应合理、有序，使之与整体外形协调统一，或在基本不改变整体外形的前提下，对有关的局部进行改进处理。这种设计方法非常适合成衣系列毛衫设计，尤其是在设计构思阶段，这种设计方法可以快速提出多种设计构想。

2. 以点带面法

以点带面法是指从毛衫的某一个局部入手，再对毛衫整体和其他部位展开设计。例如，设计师从一种新颖的褶皱开始设计，其他部位都依据褶皱的结构特征、线条感觉、造型风格等进行顺应性设计，并统一协调其各部位的关系，以局部带动整体，最后完成一个新的整体。

3. 解构重组法

解构重组法就是将人们熟知的事物有意识地视为陌生，完整的形体有意识的破坏，从中再仔细寻找，发现新的特征或意义；或者将破坏后的事物重新组合，组成新的东西，获取新的意义（图8-17）。例如，对服装结构的解构，即把传统的毛衫开片重新组合，形成和以往不一样的效果；对针织服装材料的解构是使用与传统面料迥然不同的材料来制作毛衫，如非织造品、金属、塑料、木头等；对图形的解构就是把一些毫不相关的图形素材重新剪辑、拼接后直接用于针织服装。

图8-17　解构重组法

4. 夸张法

这是一种常见的设计方法，也是一种化平淡为神奇的设计方法，夸张可以强化设计作品的视觉效果，强占人的视域。在毛衫设计中，夸张的手法常被用于毛衫整体、局部造型。夸张可以分为两个部分，一个是夸大，一个是缩小。夸张的形式也很丰富，造型、色彩、材料、装饰细节等都可以作为夸张的内容。夸张需要一个尺度，这是由设计目的决定的，在趋向极端的夸张设计过程中有无数个形态，选择截取最合适的状态应用到设计中，是对设计师设计能力的考验。

5. 逆反法

逆反法是指把原来事物放在相反或相对的位置上进行思考，寻求异化和突变结果的设计方法。在毛衫设计中，逆反法可以是题材、风格上的，也可以是观念、形态上的。使用逆反法不可以生搬硬套，要协调好各设计要素，否则就会使设计显得生硬牵强。

6. 组合法

组合法是指将两种形制、形态、功能不同的毛衫组合起来，产生新的造型，形成新的毛衫样式，这种设计方法可以集中两者的优点，避免两者的不足。也可将两种不同功能的零部件组合起来，使新的造型具有两种功能。

7. 移位法

移位法是将一种事物转化到另外的事物中使用，以便于更好地解决问题的一种设计方法。它可以使在本领域难以解决的问题，通过向其他领域转移，而产生新的突破性的解决方法。

在科学技术飞速发展的现代社会，人们的需求越来越多元化，传统的毛衫款式已经不能完全适应现代人的生活方式，人们对毛衫提出了更多的诉求。移位法是按照设计意图将不同风格、品种、功能的针织服装相互渗透、相互置换，有时候甚至将其他领域的事物导入毛衫款式中，从而形成一种新的款式，制造新的流行时尚、消费观念，以满足人们的多元化需求。移位法的功效不在于完成一个具体款式的设计，而是着重于一种新的服装理念的提出，为更新产品结构拓宽设计思路，是带有宏观意味的设计方法。

8. 追寻法

追寻法是指以某一种事物为基础，追踪寻找所有相关的事物进行筛选整理的设计方法。当一种新的造型设计出来后，设计思维不该就此停止，而是应该顺应原来的设计思路继续下去，把相关的造型尽可能多地开发出来，这样就不至于因为设计思维过早停止而使后面的造型夭折。这种设计方法适合大量而快速的设计，设计思路一旦打开，人的思维会变得活跃、快捷，脑海中会在短时间内闪现出无数种设计方案。设计者快速地捕捉住这些设计方案，从而衍生出一系列相关设计，设计的熟练程度会迅速提高，应付大量的设计任务时便易如反掌。

9. 变更法

变更法是指通过对已有毛衫的造型、色彩、材质、制作工艺及其组合形式进行某个方面的改变，以产生别出心裁、富有创意的设计。

10. **加减法**

有人说服装设计的基本方法就是加与减，服装的众多造型要素之间的相互关系都可以在增加设计元素或者减少设计元素上做文章，通过这些设计元素比例关系的变化产生新的服装样式。运用加法或减法时，要根据设计目的和流行风尚，在追求奢华的时尚中，加法用得较多，在追求简洁的时尚中减法设计运用得较多。无论是加法设计还是减法设计，适度、恰到好处都是非常重要的。

（1）加法设计

加法设计是指在面料上通过贴、缝、挂、吊、绣、钉、黏合、热压、植绒等方法添加相同或不同材质的材料，形成具有特殊美感的面料、不同的材质会形成不同的对比效果。毛衫设计中常见的加法设计形式有：线带绣、珠绣、贴绣以及其他形式的添加。

（2）减法设计

减法设计是指通过挖洞、剪切、烧孔、抽纱、做旧、做破等手法对毛衫进行破坏性处理（图8-18），使其具有无规律或不完整的表面特征，表现残破、无规律、反叛等艺术效果。

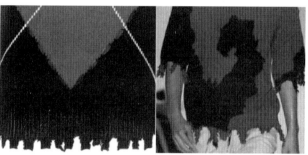

图8-18　做旧做破处理

11. **借鉴法**

对某一事物进行有选择地吸收、融汇形成新的设计，这就是借鉴。借鉴可以是服装之间的借鉴，如优秀的服装设计本身、服饰品以及某种局部造型的色、形、质，或者某种工艺处理手法等都是借鉴的对象；也可以是借鉴其他事物中具体的形、色、质、意、情、境及其组合形式。借鉴有两种方式，一是全部或基本照搬，事物的造型样式各有其可取之处，将这些可取之处直接借鉴到新的设计中，有时会取得巧妙生动的设计效果；二是将原型的某一特点借鉴过来，用到新的针织服装中，这是一种有取舍的借鉴，或借鉴造型而改变材质，或借鉴材质而改变造型，或借鉴工艺手法而改变造型、材质等。

第六节　毛衫设计中装饰肌理的塑造方法

装饰肌理设计是指利用装饰手段塑造材料的表面感觉，即通过对材料表面感觉有目的地、创造性地改造，从而获得更为丰富的视觉效果。设计师可以巧妙地运用丰富多样的材质配以不同的编织手法实现毛衫的肌理再造，表现其丰富的视觉效果，如折叠、缠绕、堆积、抽褶、手工编织等方法，还可以通过一些辅料来塑造。

毛衫设计是工艺设计与艺术设计的结合，了解其设计特点及影响因素有助于提高设计水平。针对复杂的组织结构与纹样组合设计，如果没有任何设计构思和表达要求，而一味地进行排列组合是无法设计出优秀作品的；相反，通过钩、编、折、卷、拼、叠、撕等装饰肌理手法，可以启发设计师产生更好的灵感来设计纹样及其组合方式，创造出的作品更容易获得新颖的外观，这势必会带来毛衫外观的革新。与此同时，装饰肌理设计也更直观地表达了设计师的理念，呈现出强烈的设计师个性风采和时尚品位。

1. 绣花工艺

在毛衫中运用较多的是珠片绣和彩绣。其中珠片绣以珠片、人造宝石、钻饰、纽扣等各种形状和材质的装饰群形成醒目的肌理。将其应用于毛衫，定能打破针织物平淡单调的气氛，在平面与立体、柔软与坚硬的对照中更显活泼。彩绣是以各种彩色绣线绣制花纹图案的刺绣技艺，具有绣面平服、针法丰富、线迹精细、色彩鲜明的特点。彩绣的色彩变化也十分丰富，它以线代笔，通过多种彩色绣线的重叠、并置、交错产生华而不俗的色彩效果。尤其以套针针法来表现图案色彩的细微变化最有特色，色彩深浅融汇，具有国画的渲染效果。

通常局部大面积绣花装饰应分布在整件毛衫面积的2/5左右，如在前身衣片、前身衣片加袖片、后身衣片或后身衣片加袖片等部位的应用。有些局部大面积绣花装饰不仅能起到装饰美观效果，同时也能起到相应的保暖作用。而作为较大面积的绣花装饰，其绣花形式通常以面或者是以点的形式表现。局部边缘装饰绣花，也称为定位花边缘装饰，一般位于毛衫的底摆、门襟、领部、袖口、口袋口、肩部等部位。在这些部位进行装饰增强了毛衫的轮廓感，具有典雅、华丽、端庄的意味，也易于展现毛衫的内部结构特色。在毛衫上，领部和前襟是最引人注目的敏感部位，所以绣花的应用较多，可以采用循环式的边缘装饰绣花，也可以采用变化非对称的边缘装饰绣花等。

2. 绳结法

借鉴传统刺绣，利用线迹进行装饰肌理设计的方法，应用不同粗细的毛线、毛型化纤线，以扎、结、盘、编的方式进行规则或不规则装饰的技艺形式塑造肌理。

3. 拼接法

将织物拼接，许多复杂的组织结构或者不和谐的花形被融合在一个简单的廓型当中，它们大小不一、参差不齐、形状不同但却体现一种再利用的时尚。充分利用针织本身的卷边性和镶拼缝合处的厚度，可产生丰富的凹凸起伏和特殊装饰外观。

4. 褶裥法

把针织面料的一部分抽紧捏缝出细褶，产生随意的裥或均匀的褶，形成松紧对比和节奏感，实用性强，便于制作。通过材质的差异和疏密变化来改变褶裥方向，达到丰富的装饰效果。轻薄柔软的机织细褶易堆积成简洁知性的褶皱装饰线，手工针织褶裥可塑造出厚重的折痕，流行的随意感荷叶边、卷边等元素，通过斜裁、熨烫与归拔就会形成不对称的丝缕与垂褶。褶裥既可作为局部设计应用，还可装饰整件服装，实际操作中需要充分考虑褶裥制成服装后的舒适度、在不同服装部位的三维视觉效果、与人体、服装造型、服装功能的协调性，以体现人体曲线美，使其能随着人体活动而千变万化，产生情趣。

5. 堆叠法

将一种单一元素或多种元素反复重叠、相互渗透而形成层次，或直接堆积、装饰在基础布上形成立体的效果的技艺形式。

6. 变形法

以毛衫良好的弹性为出发点，将织物加以拉伸、扭转或卷曲，使其变形产生富有动感的肌理，随意性强。拉伸、翻转起伏与毛针织的质感形成了极强的自然气息。

7. 漏空法

在编织中故意漏针、跳针、错针、浮线、部位开裂、歪扭松弛、缝迹密度不均等，形成自然的针洞、外漏的圈状肌理和透视图案，残缺的纤维别有韵味。光与影、滑与涩、冷与暖等自然神韵被表现得淋漓尽致，从视觉、触觉、质感上深深打动人，在满与空、疏与密的矛盾嬗变视觉体验中，给人朦胧委婉的审美感受，呈现出恬静淡然的禅意。总结漏空的装饰法，即利用针织的散脱性，将柔软的针织物经撕扯、剪割、抽纱、燃烧等方法自然破坏，形成断茬、割绒、毛边、纤维束、线圈效果；或用挖花、剪花、镂空、收针编织等方法对针织物进行有序切割装饰，减去现有织物的部分纱线、体积、厚度，产生新的通、透、空、漏状，追求残缺美与粗犷感。

总之，装饰肌理设计可以为毛衫设计提供灵感、拓展设计、丰富装饰细节、完善外观风貌，是传达设计师理念的重要途径。毛衫装饰肌理设计的关键是充分发挥材质、组织的肌理美和造型效果，运用多种工艺和设计造型为手段使服装的表现形式与人体结构达到协调、精致、完美的统一。但以往的毛衫设计从针织工艺的角度进行开发设计和面料处理，在构思和处理手法上没有明确的导向，使得一些新的设计并不能很好地运用于毛衫。

对毛衫而言，创新的方法和途径是多方面的，从装饰艺术的角度来看待毛衫，用装饰艺术的手法来设计毛衫，无疑可以为毛衫提供更加丰富的表现形式，装饰肌理设计是毛衫设计进一步充实拓展的必经之路，是丰富毛衫外观风貌和表现手法的重要实验方式，也是将设计师的设计理念物化、赋予面料和服装以人文特色和生命力的重要表达途径。

第九章 毛衫设计表达的技巧

第一节 毛衫设计表达的功能和意义

针织服装设计表达的手法，是服装艺术表现语言多种形式的表现，最初主要是通过设计效果图、服装广告、宣传和插图等形式表达。设计师在进行针织服装设计，表达对问题的新思考、新方案，并将自己的思想、意图、愿望向第三者传达时，须借助时装画、款式图等手段。

设计效果图的功能与意义主要有两个方面，一是针对外界而言，二是针对自身而言。

所谓针对外界而言，指的是除了设计师本人以外，设计效果图需面向企业负责人、样板师、工艺师等人，为了说明设计意图而绘制的、最容易让人明白的表现手段。设计图的主要功能是表现设计构思，表达设计意图。毛衫设计款式图的主要功能是表现和传达设计技巧以及毛衫组织肌理、针法的变化情况。设计师运用多种设计手段表现新的创意、构思，用恰当的比例把设计意图表现出来，并通过上色、后期处理等手法来传达设计意图，指导后期的毛衫生产开发。

所谓针对自身而论，是指设计师可借助设计效果图表现自身的审美倾向及个人的设计风格。设计表达包含了设计师对服装的理解、对毛衫款式的整体把握。

由于组织肌理的变化，针织毛衫会产生千变万化的视觉效果，设计师需要通过一定的手段把它体现出来。

第二节 毛衫设计表达的特点

毛衫设计所采用的设计效果图及时装画作为一种特殊的绘画形式，是不同于一般的时装效果图的。因为毛衫本身的特殊性，效果图需要表现毛衫特有的质感、组织肌理和风格特征。

造型、色彩、材料质感的表现是服装效果图表达的三大要素。毛衫设计的表达离不开一般服装设计的表达技巧，但是其特殊的面料特征也呈现出一些不同的特点。针织面料具有一定的弹性，因此针织服装穿着时紧贴身体，有些款式尽管比较宽松，但是同样能够体现人体的曲线美。另外，针织组织肌理的变化形成独特的肌理效果需要设计师形象、生动、真实地表达出来。

服装效果图是对时装设计产品较为具体的表现，它将所设计的时装，按照设计构思，形象、生动、真实地绘制出来。相对的要写实，更加具体化、细节化。就毛衫设计来说，其表现特征主要有以下三个方面。

1. 结构清晰，注重细节

效果图的主要目的是指导制作，因此在把握好主题特征的基础上，细节的描绘十分重要，细节往往被放在首要地位。具体来说，包括正面结构图、背面结构图、分割线、省道线和工艺线迹以及领口、袖口、下摆的罗纹等，必须清楚地、按比例地表达。

针织服装的组织结构丰富多变，质感柔软，悬垂性好，呈现优先慵懒的外观特征。设计师需要抓住毛衫这一特性，在表现针织面料时，对整体服装结构线和纹理要有耐心地、细致地描绘。需要注意的是结构线和纹理的刻画一定要在轮廓线之内，或者留出空白让画面更加透气。表现罗纹组织时，由于纹路明显，可手工用细笔将其表现出来。

2. 构图简洁，突出主体

由于服装设计效果图以表现服装设计意图为目的，不以人物的内心刻画及渲染为主，所以应将着眼点放在毛衫与人体的关系上。因此，单纯简洁的构图形式是时装画以及设计效果图区别于其他人物画种的最重要特征之一。

在进行毛衫设计表达时，形式美法则的重要问题之一是构图问题。这实质上也是一个思维问题，要将所要表达的东西在画面上建立起秩序，并使之形成一个可以理解的整体，同时体现出一定的情感，表达一定的气氛，从而体现服装本身所具有的审美特征。

3. 色彩鲜明，有较强的艺术感染力

毛衫与其他服装的重要区别之一是其色彩丰富、颜色鲜艳，这是由它本身的纱线的特性所决定的，所以在画图时要特别突出这点。一般来说，在画毛衫效果图时，必须强调实用效果与艺术效果的统一，把色彩体现于针织的线圈与纱线上。由于织物线圈的肌理效应，一般针织毛衫的色彩设计都是鲜艳的色块组合或是分割，使得色彩协调自然、鲜明醒目。

第三节　毛衫设计表达技法

毛衫服装设计的表现技法很多，不同的设计师有不同的表现手法，不同的服装、不同的织物组织结构也有不同的表现方式。一般来说，选用常用工具中的一些工具，就足以满足基本绘制要求。对于毛衫服装设计来说，基本的表现技法有以下九种。

1. 钢笔画技法

钢笔画是以普通钢笔或特制的金属笔灌注或蘸取墨水绘制成的画。钢笔画属于独立的画种，是一种具有独特美感且十分有趣的绘画形式，其特点是用笔果断肯定，线条刚劲流畅，黑白对比强烈，画面效果细密紧凑，对所画事物既能做精细入微的刻画，亦能进行高度的艺术概括，肖像、静物、风景等题材均可表现。

这里所说的钢笔也包括针管笔。通过不同型号的针管笔来表现针织毛衫的款式图、结构图，这种技法的特点是笔触均匀，线条清晰，而且使用方便。特别是勾画一些细节部分很是方便，同时也是表现钩针织物的理想选择。由于这种技法颜色比较单一，所以可以通过实线、虚线、点三者交叉使用，使画面有虚实感，同时也可以产生黑、白、灰不同的色调。

钢笔可选用弯头钢笔或者多种型号的宽头钢笔，但要注意，宽头钢笔的特点是可以

画出较阔的线迹，当表现连续、均匀、弯曲的线时，宽头钢笔便不能顺畅运用。钢笔的墨水，可选用较好质量的黑色绘图墨水，并经常保持钢笔的清洁，以保障墨水流畅。

2. 彩铅画技法

彩铅画是一种介于素描和色彩之间的绘画形式，它的独特性在于色彩丰富且细腻，可以表现出较为轻盈、通透的质感，这是其他工具、材料所不能达到的。只有充分利用了彩铅的独特性所表现出来的作品，才算是真正的彩铅画。彩铅有蜡质彩铅、水溶彩铅。

蜡质彩铅的铅芯多为蜡基质，色彩丰富，表现效果特别。

水溶彩铅的铅芯多为碳基质，具有水溶性。但水溶性的彩铅很难形成平润的色层，容易形成色斑，类似水彩画，比较适合画建筑物和速写。水溶性彩铅的基础技法包括：平涂排线法，运用彩色铅笔均匀排列出铅笔线条，达到色彩一致的效果；叠彩法，运用彩色铅笔排列出不同色彩的铅笔线条，色彩可重叠使用，变化较丰富；水溶退晕法，利用水溶性彩铅溶于水的特点，将彩铅线条与水融合，达到退晕的效果。

绘制彩色铅笔画时，可以勾线或者平涂，可调节颜色深浅、浓淡，有粗细虚实的变化和抑扬顿挫的节奏，能够表现出丰富的效果。彩色铅笔画用笔力量要有变化，用轻重、停顿等手法来体现自由活泼的画风。在勾线的基础上，增加明暗对比或暗调，加强针织服装的质感和空间感（图9-1）。

（1）邵莎莎 画　　　　　　（2）李珊珊 画　　　　（3）张美 画

图9-1 彩铅毛衫效果图

彩铅上色要有耐心，才能画出那种细腻的感觉。首先需要把笔削尖，然后一层层的上色，彩铅的不同颜色叠加会形成另外的颜色。如果有水粉绘画的基础，那么只要多画，就能找出感觉。切记画彩铅不能用力地涂，要一层层的画，画颜色重的地方，可以注意几种颜色用在一起的效果。比如，画黑色头发时，不要就只拿黑色的彩铅去涂，平涂到最后就是平的，没立体感，而且感觉很死板；画盘子的阴影也不要拿黑色去涂，可以尝试用紫色，红色等颜色去叠加。如果用的是水溶性彩铅，就先用彩铅画一层，然后再用毛刷蘸水涂，颜色就会被渲染开来。总之，不要怕把画画糟，要尝试不同的颜色搭配出来的感觉，一层层地画，不要拿着一种颜色涂。

3. 水粉画技法

水粉画是使用水调和粉质颜料绘制而成的一种画。其表现特点为处在不透明和半透明之间，色彩可以在画面上产生艳丽、柔润、明亮、浑厚等艺术效果。

水粉画在湿的时候，颜色的饱和度很高，干后由于粉的作用颜色会失去光泽，饱和度大幅度降低，这就是它颜色纯度的局限性。学习水粉画可以很好地认识色彩，对颜色的透明度有一个新的认识。在学习水粉画的过程中可以学会怎样调色，进一步了解色彩对水粉画的重要性。

水粉画的性质和技法与油画和水彩画有着紧密的联系，是介于油画和水彩之间的一种画种。它与水彩画一样都使用水溶性颜料，颜料成分和透明水彩颜料相同。如用不透明的水粉颜料以较多的水分调配时，也会产生不同程度的水彩效果，但在水色的活动性与透明性方面则无法与水彩画相比拟。一般水粉画所展示出的反光效果和透明水彩画的明亮效果大不一样，因此，水粉画一般并不使用多水分调色的方法，而采用白粉色调节色彩的明度，以厚画的方法来显示自己独特的色彩效果。

在使用这种技法时，通常有三种方式表现。

（1）明暗表现法

通过类似于素描的明暗关系，用色彩的深浅来表现服装的美感。

（2）平涂勾线法

平涂勾线法是表现针织服装最方便、表现力最强的画法。用色彩均匀的平涂，再用钢笔或毛笔进行勾线。

（3）平涂留白法

在用色彩填色时，故意把一些衣纹、褶皱留白，再进行细部组织的刻画，效果简洁干净。

4. 水彩画技法

水彩画是用水调和透明颜料作画的一种绘画方法，由于色彩透明，一层颜色覆盖另一层可以产生特殊的效果，但调和颜色过多或覆盖过多会使色彩肮脏。由于水干燥得较快，所以水彩画不适宜制作大幅作品，适合制作风景等清新明快的小幅画作。

水彩颜料携带方便，也可作为速写搜集素材用。与其他绘画方式比较起来，水彩画相当注重表现技法。其画法通常分干画法和湿画法两种。

就其本身而言，水彩画具有两个基本特征：一是画面大多具有通透的视觉感觉，二是绘画过程中水的流动性。由此造成了水彩画不同于其他画种的外表风貌和创作技法的区别。颜料的透明性使水彩画产生一种明澈的表面效果，而水的流动性会生成淋漓酣畅、自然洒脱的意趣。

5. 色粉画技法

色粉画：法文、英文名称Pastel，来源于意大利语Pastello。顾名思义是一种有色彩的绘画。它并不是水粉画，而是用干的特制的彩色粉笔进行绘画。色粉画画在有颗粒的纸或布上，直接在画面上调配色彩，利用色粉笔的覆盖及笔触的交叉变化而产生丰富的色调。

色粉画创作的工具有颜色、用途各异的色粉笔。色彩简单地被画在纸上或画板上，整个过程完成得迅速快捷，画的就是人所观察到的，不用准备颜料，也不会因某些原因使颜色发生变化。这种简单的创作形式也适用于复杂的情形，对此，许多色粉画家都在他们的作品中有所体现。色粉画既有油画的厚重又有水彩画的灵动之感，且作画便捷，绘画效果独特，深受西方画家们的推崇。色粉画是西洋主要色彩画种之一，约有500年历史，是从素描演变过来的。

从效果来看，色粉画兼有油画和水彩的艺术效果，具有其独特的艺术魅力。在塑造和晕染方面有独到之处，且色彩变化丰富、绚丽、典雅，最宜表现变幻细腻的物体，色彩常给人以清新之感。从材料来看，它不需借助油、水等媒体来调色，可以直接作画，如同铅笔一样运用方便；它的调色只需色粉之间互相撮合即可得到理想的色彩。色粉以矿物质色料为主要原料，所以色彩稳定性好，明亮饱和，经久不褪色。

色粉画表现力强，它的色相非常鲜艳与饱和。有的还有些荧光的效果，闪闪发亮，这是其他颜料中所少有的。所以色粉画的效果很特殊，颜色既可以画得很强烈，又可以画得特别的软糯与柔和。

色粉画比油画要轻便，也不像水粉、水彩那样有水分干湿衔接的问题。所以它不受时间和水分的限制，既不用调色油，也不要计算水分，简易便捷，十分省事。

6. 马克笔画技法

马克笔是一种书写或绘画专用的绘图彩色笔，本身含有墨水，且通常附有笔盖，一般拥有坚软笔头。

马克笔的颜料具有易挥发性，用于一次性的快速绘图。常使用于设计物品、广告标语、海报绘制或其他美术创作等场合。可画出变化不大的、较粗的线条。箱头笔为马克笔的一种。现在的马克笔墨水还分为水性和油性的，水性墨水就类似彩色笔，是不含油精成分的内容物，油性墨水因为含有油精成分，故味道比较刺激，而且较容易挥发（图9-2）。

图9-2 马克笔画技法

7. 剪贴画技法

剪贴画是一种特殊的画，和其他的绘画形式不一样。剪贴画，也叫贴纸画，是用各种不同颜色的纸，按照预先设计好的图样剪贴出的美丽的图画，有时也用各种材料剪贴而成，这些材料又大都是日常生活中废弃的东西，所以有人称剪贴画是环保艺术品。剪贴画是一种新颖又古老的艺术。剪贴画有取材容易、制作方便、变化多样等特点，造型灵活、色彩鲜艳、表现力强、技法简单、材料易得。因此，在表现装饰效果强烈的针织毛衫款式时可以使用剪贴画技法。实际运用时，使用布料、报刊、色纸等一些可用于剪切、拼贴的材料，按画面需要进行拼接、粘贴，便可以间接看到针织服装面料运用的整体效果。剪贴画通过独特的制作技艺，巧妙地利用材料和性能，充分展示了材料的美感，使整个画面具有浓浓的装饰风味。

8. 电脑画技法

电脑绘画不同于一般的纸上绘画，是用电脑技术的手段和技巧进行创作的。如果有一定的绘画基础，无疑会有助于创作出更好的电脑绘画作品。创作电脑绘画首先要有好的创意和构思，还要有积极向上的创意，表现我们的丰富多彩的生活，如我们身边的事物、事件、活动，我们的向往和想象等。在表现手法上要努力捕捉最感人、最美的镜头，充分发挥大胆的想象，尽量让画面充实、感人、鲜艳。

使用如Photoshop、CorelDraw、Illustrator、Painter等电脑平面设计软件，可以表达手绘

无法传达的复杂信息。使用电脑画技法的优点有很多，最突出的是省时省力，效果精致，修改方便（图9-3、图9-4）。

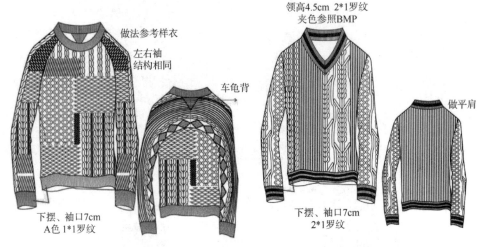

图9-3　电脑画技法

图9-4　电脑画技法的表现

9. 综合的表现手段

在毛衫设计中，有粗犷个性的绞花、有细腻柔美的蕾丝，要在绘图中恰到好处地表现这些不同质感的面料，需要根据所要表现的服装风格和面料风格来选择绘图手段和绘图工具。

毛衫中的绞花，往往轮廓清晰明确，多种绘图工具都能较好地、以各自不同的特色来表现绞花。如果使用的工具是彩色铅笔，能通过线条的粗细轻重来表现其灵活性，平涂中还能加上些许不同色调的层次来使绞花显得更有立体感，体现纱线特有的毛糙感；若使用水粉来表现绞花，由于水粉自身丰富且浓重的色彩，则侧重点可以放在块面和色彩的表现上；剪贴画也同样适用于绞花的表现，可以用实物纱线的缠绕黏贴，或者使用照片上的局部剪贴来使画面显得趣味性十足（图9-5）。

图9-5　电脑综合表现毛衫款式

毛衫中的蕾丝面料细腻柔美，可以通过钢笔、彩铅线描的方式来细致地表达，也可以借助电脑软件绘制。使用电脑的最大好处在于表达充分且方便快捷，如单独画一个针织组织肌理，通过软件的复制粘贴功能就可以轻松地完成面料的绘制，再填充进相应的毛衫款式中。

第四节　系列毛衫设计表达技巧

一、系列设计的概念

系列是表达一类产品中具有相同或相似的设计元素，并以一定的次序和内部关联性构成各自完整而又相互有联系的产品或作品的形式。服装是款式、色彩、材料的统一体，这三者之间的协调组合存在着综合运用的关系，包括造型与色彩、造型与材料、色彩与材料三方面的互换运用，如款式、色彩相同，面料不同，或者款式不同，面料色彩相同等。设计师在进行两套以上的毛衫创作时，用这三方面去贯穿不同的设计，每一套毛衫中在三者之间寻找各种关联性，这就是毛衫的系列设计。

二、系列毛衫设计原则

优秀的系列毛衫产品应该层次分明、主题突出，产品款式既要变化丰富又要统一有序，这是系列毛衫设计的主要原则。

在进行系列毛衫设计时，总是将一个基本款式（基本形）进行一系列的变化设计，但在变化的每个款式中都能识别出原来的基本形，这种特殊的变换形式被称为某一基本形的拓展。由基本形发生一连串的变化，它们之间却保持着紧密的联系，称之为系列感。换言之，它们都是从同一母体中产生的，都属于同一血缘，因而有着家族的类似性特征。

评价某个系列设计是否成功，可以从以下几个方面入手：

①整个系列的服装是否完整。

②系列中的每件款式变化是否丰富。

③每一款中加入的元素是否恰当体现服装的美感。

④整体色彩是否和谐统一。

掌握以上关键要素，设计师可以通过灵活运用，设计出变化多端的系列款式。

三、系列毛衫设计的条件

系列毛衫设计首先要遵循服装设计的5W条件，即Who（谁穿）、Where（何地穿）、When（何时穿）、What（穿什么）、Why（为何穿），然后在此基础上根据具体设计要求完成系列化。系列设计的条件主要包括设计主题、风格定位、品类定位、品质定位和技术定位。

1. 设计主题

主题是毛衫精神内涵的表现和传达，是设计的深层内容。通过主题设计师可以对毛衫系列设计进行宏观的把握。不论采用何种设计方式，只要围绕主题展开，让作品的各方面因素全部融合于主题内容之中，作品就会有某种能够征服人的精神韵味，设计师就可以通过作品主题的外化与观者进行沟通和交流。无论是实用毛衫系列设计还是创意毛衫系列设计，都离不开设计主题的确定，这是设计开始的基础。有了设计主题，就为设计确定了明确的方向，否则会使设计犹如大海捞针，漫无目的。主题的确定是决定设计好坏的关键，好的主题可以开启设计师的设计灵感，为设计注入新颖的内容。

2. 风格定位

从构思开始的那一刻，对毛衫风格进行准确定位也成为系列设计成败的关键所在。在设计过程中，对成组成系列服装的风格的感觉、表现、控制和把握要一致。

以艺术类创意为主题的设计，必须在构思上灵活大胆，强调独创性，突出超前意识，注重创造力的发挥；以实用类创意为主题的设计则需注重市场化的创意，并从批量生产方面思考其工艺流程和具有可操作性的规范技术。

3. 品类定位

在确定系列毛衫的设计主题和设计风格后，还要确定系列毛衫的品种种类、系列作品的色调、主要的装饰手段、各系列的主要细节以及系列作品的选材等。

4. 品质定位

品质定位决定系列毛衫所用面、辅料的档次。在系列毛衫的主题、风格以及品类等确定下来以后，对毛衫的品质希望达到或者能够达到的要求做一个综合的考虑，以此来决定使用什么样的面料、辅料或者是否使用替代品等。这是对系列毛衫在成本价格上进行限定，尤其在品牌系列设计中，品质定位是设计师必须考虑的一个重要环节。

5. 技术定位

技术定位是指决定系列设计所使用的加工制作技术。在进行系列设计时，要考虑到设计的技术要求以及是否能够在现有的条件下实现这种要求。尽量选用工艺简单又容易出效果的制作技术，要在可能实现的技术范围内进行创意系列设计才可以自由发挥创造性，实用系列设计则是在考虑到尽量降低成本、简化工序的基础上，选用经济高效的制作技术。

四、系列毛衫设计思路

1. 整合

整合就是将各种各样、变化丰富的构思或设计进行条理化分析与整理，从而使系列毛衫产品层次分明、多而不乱，这是系列毛衫设计最常见的设计思路。在系列毛衫设计中，需要整合的原因和内容很多。比如，产品主题不明确、产品面貌与毛衫风格不符、本该成为系列的产品之间缺少关联性等，出现这些情况时都需要想办法对毛衫产品进行整合。

2. 补充

补充就是在原有毛衫系列的基础上根据不同的目的不断地补充新的设计元素，原有系列毛衫已经有较好的系列感觉，在进一步补充后，就可以抓住原有系列元素作为补充产品的关键设计元素，这样设计出来的毛衫产品就比较具有统一感。补充设计有不同的目的，有时是因为款式变化较少，出于使款式丰富化的目的而补充某些新的款式，这样一方面增强了消费群体的可选择性，另一方面也增强了系列搭配时的可配搭性。有时是因为某一系列毛衫产品卖场效果很好而需要补充一些新的产品，这时可能不会再补充原有产品，需要设计师推出一些新的系列产品。

3. 减缺

减缺就是将系列毛衫的设计元素简单化，以尽可能使它们具有较好的统一性。毛衫款式千变万化，但没有完全相同的款式，毛衫款式越多，彼此之间不同的设计元素就会越多，统一性就会越差。在系列毛衫设计中，将太过矛盾杂乱的元素减掉而保留相对比较相似、比较容易协调的元素是最简单的设计思路，但是这种思路容易使服装产品感觉单调，所以只适合小规模系列。在大的毛衫品牌公司中，因为产品众多，一味地简单化是不可取的。

4. 关联

关联就是在一个系列之间或者系列与系列之间寻求各方面的关联性使之形成系列。在系列毛衫设计中，单件毛衫之间必定有着某种相互关联的元素，有着鲜明的使毛衫设计作品形成系列的动因关系。因此每一系列的毛衫在多元素组合中体现出来的关联性和秩序性是系列毛衫设计的基本。对于公司来说，同一风格的多个系列一般都要尽可能多地寻求搭配的各种可能性，搭配的系列越多，其设计就越难以把握，这就要求设计师在熟悉多种服装构成要素的基础上，结合搭配的基本要求，在系列之间寻找关联性，以方便横向、纵向或斜向的交叉搭配。

五、系列毛衫设计方法

1. 整体系列法

整体系列是指保持服装的整体表现特征一致或相近，并表现出同一风格和特点，从而使系列内毛衫的面料具备较多的共同特征（图9-6）。这种系列法比较容易突出毛衫的系列感，强调统一性而弱化对比性，其结果是每套毛衫大同小异，一般比较适合用于风格比较稳重低调的实用服装。设计师可通过适当强调毛衫的色彩和面料的变化，或者是加入一些面积较小但却较为出挑的细节，避免由于涉及元素过于统一而使得设计结果雷同或者沉闷。

Unjointed

"海阳毛衫杯" 2017针织服装创意设计大赛
"Haiyang sweater Cup" 2017 knitted garment creative design competition

图9-6 张馨月《Unjointed》2017针织服装创意设计大赛入围作品

2. *形式美系列法*

形式美系列法是指以某一形式美原理作为统领整个系列要素的系列设计方法。节奏、渐变、旋律、均衡、比例、统一、对比等形式美法则都可以用来作为系列化设计的要素，即对构成服装的廓型、零部件、图案、分割、装饰灯元素进行符合形式美原理的综合布局，取得视觉上的系列感。比如，用对比的手法将毛衫的廓型和局部细节进行设计组合，使得每一单品均出现一种视觉效果十分强烈的对比性，整个系列给人一种活跃、动感、刺激的印象。形式美系列法在毛衫上的应用时，必须以主要形式出现，形成鲜明的设计要点，成为整个系列设计的统一或对比要素，再经过造型和色彩的配合，就形成强烈的系列感。

3. *廓型系列法*

廓型系列服装是指服装的廓型完全相同或基本相同，以此形成系列的形式。运用廓型系列法时要注意服装的外部轮廓应该有较为明显的统一特征，否则会显得杂乱无章，难以成系列。为了更加突出毛衫的系列感，在色彩的表现和面料的选用上也可以使用同一元素，那么毛衫的系列感觉会很强。

4. *细节系列法*

细节系列服装是指把服装中的某些细节作为系列元素，使之成为系列中的关联性元素来统一系列中多套服装。相同或者相近的内部细节可利用各种搭配形式组合出丰富的变化，通过改变细节的大小、厚薄、颜色和位置等，就可以使设计结果产生不同的效果。

5. *色彩系列法*

色彩系列服装是以一种或一组色彩作为服装中的统一元素，可以通过色彩的纯度、明度、冷暖等变化手法取得形式上的变化感，或者通过色彩不同位置的安排、不同面积的大小变化以及服装款式的变化来进行变化设计。色彩系列的手法是多种多样的，有的是在面料上进行穿插或呼应，使视觉效果更加丰富多彩；有的通过某种色彩的强调，形成一个系列服装的主要亮点。如图9-7所示，就是通过类似色系彩条来塑造服装的系列。

图9-7　色彩系列毛衫设计

6. 面料系列法

面料系列法是利用面料的特色通过对比或组合去表现系列感的系列形式。通常情况下，当某种面料的外观特征十分鲜明时，系列对造型或色彩的发挥就可以比较随意，因为此时的面料特色已经足以担当起统领系列的任务，形成了视觉冲击力很强的系列感。因此，利用面料系列法设计毛衫时，对面料的选择相当重要，可以进行面料再造设计以加强面料的整体艺术感（图9-8）。

图9-8 面料系列毛衫设计

7. 工艺系列法

工艺系列服装是指强调服装制作的工艺特色和装饰手法，把工艺特色和装饰手法贯穿其间成为系列服装的关联性因素。工艺特色包括饰边、绣花、打褶、镂空、装饰线、缉明线等。工艺系列设计一般是在多套毛衫中反复应用同一种工艺手法，使之成为设计系列作品中最引人注目的设计内容（图9-9）。

图9-9 工艺系列毛衫设计

8. **饰品系列法**

配饰系列服装是指通过与服装风格相配的配饰来取得变化形成系列。面积较大且系列化的饰品可以烘托服装的设计效果，也可以改变服装的系列风格。用饰品来组成系列的服装大都款式简洁，然后大胆利用服饰品，突出服饰品装饰的作用，追求服饰风格的统一和别致。

9. **题材系列法**

题材系列法是指利用某一特征鲜明的设计题材来作为系列毛衫表达其主题性面貌的系列设计方法。主题是毛衫设计的主要因素之一，任何设计都是对某种主题的表达。服装是由款式、色彩、材质组合而成的，三者要协调统一就得有一个统一元素，这个统一元素就是设计的主题内容。它使得设计围绕主题进行造型、材料选择、色彩搭配，否则造型、色彩、材质各自为政，就会使得系列设计缺乏主题而变得毫无意义。如主题为"中国元素"，那么所有的构思与灵感都要围绕"中国传统元素"来展开，然后根据品牌需求出发进行展开设计。

10. **品类系列法**

品类系列是指从服装单品的角度进行系列划分，这一系列中的所有服装都是同一品类，这是品牌服装设计中经常使用的系列形式。为了以系列的面貌出现在零售中，在品牌服装的系列产品设计中，一般在这些不同品类之间也寻找某些关联性设计因素，使不同的品类之间可以有比较不错的可搭配性。

11. **图案系列法**

成为服装系列元素的图案同样应该是服装中比较突出的元素，不能仅仅作为点缀而已。设计师可以用风格类似的图案题材来强调毛衫的系列感（图9-10~图9-12）。

图9-10　郝颖异《睁眼看世界》2017针织服装创意设计大赛入围作品

图9-11 蒲俊雯《情绪密码》2017针织服装创意设计大赛入围作品

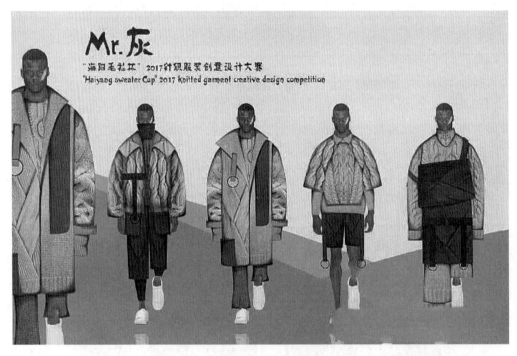

图9-12 黄伟康《Mr.灰》2017针织服装创意设计大赛入围作品

六、系列毛衫的设计步骤

1. 确定系列主题和风格

系列设计首先要确定毛衫的主题或风格，其他设计元素必须在主题或风格的控制之下进行。

2. 选定系列形式

确定是以品类、工艺、面料还是用色彩或者其他形式组成系列。

3. 确定品类和品质

确定毛衫的品种和档次，使设计方向更明确。

4. 选定其他设计元素

毛衫的面辅料、色彩的选择、结构工艺、局部细节设计、服饰配件等的搭配都要根据选定的系列形式来组织。

5. 确定系列套数

系列有大小之分，最少是两套，一般是三套或三套以上。

6. 整体画出设计图

在画的过程中要注意毛衫整体系列感的表现以及系列元素的合理安排。

7. 调整设计结果

根据设计意图看每件毛衫单品的细节设计、布局安排是否到位，然后对现有设计结果进行调整。

思考与练习

1. 运用马克笔技法设计一组毛衫款式。

2. 运用电脑技法绘制一组毛衫款式。

3. 设计一个系列的实用毛衫，系列形式不限。

要求：

（1）秋冬季节，结合流行趋势；

（2）消费群体为25~35岁女性；

（3）设计套数不低于5套；

（4）目标品牌和风格确定。

第十章 流行与毛衫设计

第一节 流行的概念与规律

一、流行的概念

流行产生的因素很多，流行不是一个独立的社会现象，它代表着整个社会时代总的发展趋势，是一个时代印象的窗口。人人都谈流行，流行就在我们身边，我们要真正去认识流行，去了解流行，就需要了解社会，了解时代发展的特征，它包含整个社会的政治、经济、文化、科学、技术的发展以及人们对生活的追求方式。

针织服装的流行，指的是一定时期、一定地域在某一群众中广为流行的款式、色彩、质料、图案、工艺装饰及穿着方式，是指整个服饰的流行倾向。服装流行是一种社会现象，又是一种历史现象。它是人类社会发展到一定历史阶段才开始出现和发展起来的，是物质文明与精神文明高度发展的产物，也是人们对服饰更高层次的追求。

流行服装的本质是不断演变、循序渐进的，但很少有真正彻底的创新。完全的创新只有两次，一次发生在法国大革命时期，一次发生于1947年迪奥发表的新外观。一般来说，款式的变化是渐进式的，这也符合人们审美的延续性特征。

流行开始常常是有预兆的，它主要是经媒体媒介传播，由世界时尚中心发布的最新时装消息，对一些从事服装的专业人员形成引导作用，从而导致新颖服装产生。最初穿着流行服装的毕竟是少数人，这些人大多是具有超前意识或是演艺界的人士。随着人们模仿心理和从众心理的加强，再加上厂家的批量生产和商家的大肆宣传，穿着的人越来越多，这时流行已经进入发展。

1. 流行的广义定义

流行是指一个时期内社会或某一群体中广泛流传的生活方式，是一个时代的表达。流行是在一定的历史时期，一定数量范围的人，受某种意识的驱使，以模仿为媒介而普遍采用某种生活行为、生活方式或观念意识时所形成的社会现象。

2. 流行的狭义定义

服装流行是指一种盛行于某一团体之间的衣着习惯或风格。服装流行是一种现行的风格，是由诸多具体元素组合形成一段时期里的整体风貌。

二、毛衫的流行规律

毛衫流行是一种盛行于某一团体之间的衣着习惯或风格。毛衫流行是一种现行的风格，是由诸多具体元素组合形成一段时期里的毛衫款式、色彩等的整体风貌（图10-1）。

现如今，我们正处在一个被时尚驱动的时代，"流行"和"时尚"这两个词语越来越多地出现在人们的生活中。流行是通过社会成员对某一事物的崇尚和追求，使身心等方面得到满足，具有普及性和约束力。

图10-1　毛衫流行款式

艺术来源于生活，针织服装也如此。如著名时装品牌的创始人范思哲所说："你不可能住在象牙塔里设计时装和其他艺术品，你必须生活在实际社会中。"针织服装流行是一种复杂的社会现象，体现了整个时代的精神风貌，包含社会、政治、经济、文化、地域等多方面的因素，它是与社会的变革、经济的兴衰、人们的文化水平、消费心理状况以及自然环境和气候的影响紧密相连的。这是由针织服装自身的自然科学性和社会科学性所决定的。社会的经济、文化、政治、科学技术水平、当代艺术思潮以及人们的生活方式等都会在不同程度上对针织服装流行的形成、规模、时间的长短产生影响（图10-2）。而个人的需求、兴趣、价值观、年龄、社会地位等则会影响个人对流行的选择。在现代流行中，服饰流行更是敏感地追随着社会事件的发展。社会学家曾指出：硝烟味一浓，卡其色就会流行；女性味强的流行，是文化颓废期的共同现象。

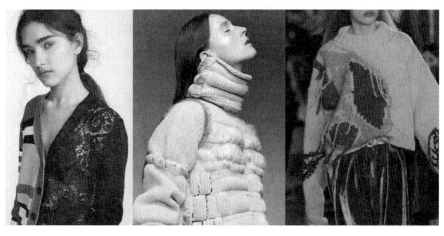

图10-2　毛衫流行款式

当流行达到了顶峰时，时装的新鲜感、时髦感便逐渐消失。这就预示着本次流行即将终结，下一轮流行即将开始。总之，针织服装的流行随着时间推移，经历着始兴、盛行、衰亡阶段，它既不会突然发展起来，也不会突然消失。一旦一种高级时装出现在店头、街头，并为人所欢迎，那么大量的仿制品就会以低廉的价格为流行推波助澜。

当今社会，人们越来越追求个性化，流行的服饰也五花八门，但是服装的流行是有规律可循的，这就构成了服装流行的周期性（图10-3）。

图10-3　毛衫简约款式

针织服装流行具有规律性，而这个规律又要受到社会发展规律的支配和制约。服装流行是一个循环往复的过程。有的服装色彩会在衰落之后的二三十年又重新成为流行色，而复古之风使得祖母时代的款式又成为时尚，但这种循环决非对某个时期服装的简单重复，而是一种螺旋上升的状态。在不同的时代，政治、经济、社会和文化的变迁都曾经反映在我们的穿着上，所以即使从未探知流行报道，多少也能猜得到周围诸事。流行是有规律的，然而流行规律中有许多变量，这些变量会影响人们对服装流行预测的结果，不过针织服装流行规律也存在着两个定量，就是社会环境和个人需求。

如果说生物界中的生物之间存在着紧密关联的话，那么在针织服装界同样存在着惟妙惟肖的服装链。纵观针织服装的发展，不论中西方，历史贯穿着针织服装流行的始末，社会生产力的发展起着决定性的作用；横观针织服装的发展，同一时代，由于社会分工的不同，不同的阶层、身份、地位又构成了许多个服装圈，在阶级社会中，不同的社会阶层决定了其针织服装的差异。

任何事物的发展都不是孤立的，都要受到周围环境的影响。詹姆斯·来弗（James Laver）就曾经简评：式样只是反映一个时代的态度，它们是一面镜子，而非原创物，在经济限制之下，人们需要衣服、使用衣服、丢弃衣服，使它们符合我们的需求，并表达我们的观念和情绪，我们会去买去穿在当时能反映我们希望成为什么样人的衣服。

任何流行服装最终都会过时，推陈出新是时装的规律。针织服装产业为了增加某种产品的利润，在流行的一定阶段会采取一些措施以延后产品衰败的时间（图10-4）。同时，又在忙碌着为满足人们再次萌生的猎奇求新心理而创造新一轮流行的视点。

图10-4　毛衫流行款式

在设计实践中，针织服装款式、色彩的流行、普及、影响浸透在人们的日常生活中。因此，要巧妙地运用流行规律，表现人们所喜欢、所接受的流行款式、色彩。流行具有一定的规律性，一般分为始兴、盛行、衰亡三个阶段。起初，某种服装因为样式稀少罕有而变得有价值；随着其数量增加，与别人类似而不再被追捧；到了一定时期，人们又向往一种新的变化，则会抛弃原有的流行而追求新的流行。可见，流行主要源自人们的心理。同时，要了解针织服装发展变化规律，掌握发展变化规律的周期，随时调整设计方向，并且抓住新的流行趋势，打破原有生产规律，促使生产工艺和生产设备的改进，从而吸引消费力，提高购买力。

三、流行色

流行色就是流行的风向标，掌握了流行色的风舵，就能引领潮流方向。目前流行色标准在中国被广泛应用的领域较少，时尚消费行业更亟待流行色的创新应用。

　　流行色与服装的款式等共同构成"服装美"。对于大多数人来说，"流行色"是时尚的。其实，流行色只不过是一种趋势和走向，它是一种与时俱变的颜色，是流行最快而周期最短的。流行色不是固定不变的，常在一定期间演变，今年的流行色明年不一定还是流行色，可能会被其他颜色所替代（图10-5）。

图10-5　毛衫流行款式

　　流行色是相对常用色而言的，常用色有时会上升为流行色，流行色经人们使用后也会成为常用色。某种颜色今年是常用色，到明年又有可能成为流行色，它有一个循环的周期，但又不是同时发生变化。这是因为不同的国家、地区和民族都有自己的服饰和服饰习惯，每个人又有着不同的服饰嗜好或偏爱。这些传统、习俗和嗜好都会在色彩上有所反映，完全没有必要因追求流行而抛弃这一切。一般而言，服饰的常用色在服饰中所占的比重较大，而流行色所占的比重较小，所以每年制定下一个年度的流行色时，常常是选用一两种流行色与基本色搭配，这样可使服饰的颜色既保持自我又跟上时代的步伐与潮流。

第二节　毛衫的流行要素

一、毛衫面料

　　面料的流行主要体现在面料的质地、织造、手感以及所面料的功能（图10-6）。毛衫面料以新颖为好，市面上从未见过的且具有良好外观的面料往往有很大的流行性。

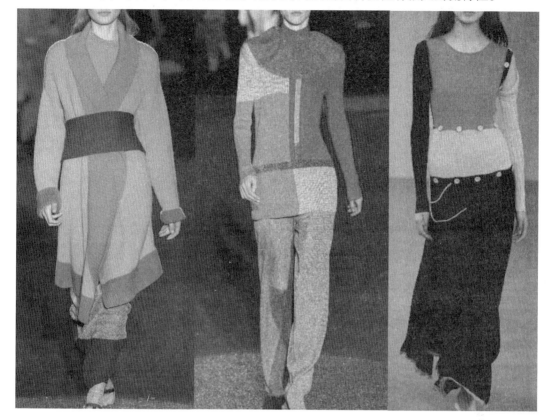

图10-6　毛衫流行面料

二、毛衫辅料

辅料是扶持面料的绿叶，蕴藏在面料后面的辅料主要强调的是其功能，而表露在面料外面的辅料则具有相当的外观要求，是不可忽略的。

三、毛衫的色彩

色彩之于服装的重要性不言而喻。国际国内都有专门的流行色研究机构，每年都在发布最新的流行色信息。有些人挑选服装的第一要素便是对服装色彩的第一印象。

四、毛衫的款式

对于实用毛衫来说，该出现的款式差不多都已出现过了，所不同的仅仅是在细微部分的变化。因此，要在实用毛衫上进行大的款式突破而又要被消费者接受，是相当不易之事。毛衫款式的流行，更多的是在已有的款式内寻找与流行口味一致的款式。当然，适当地变化款式细节、新型材料的选择和流行色等的运用仍可以创造出崭新的产品（图10-7）。

图10-7　毛衫流行款式

五、毛衫的图案

设计圈内有一句玩笑话："当脑子对款式失去感觉时，就用图案吧！"图案是在服装设计中非常活跃的常用设计元素。从图案的色彩、制作上来看，其丰富性甚至超过服装。因此，大型品牌服装公司对每季毛衫图案的运用都非常重视，甚至倾尽财力开发独家使用的图案。图案的使用有许多内涵，尤其是带有文字的图案，往往具有深层次的文化内涵，设计师在运用此类图案时务必了解文字的内涵信息。

六、毛衫搭配关系

搭配是指服装与服装、服装与之间的搭配方式。同样的毛衫，穿着或搭配的不同，其外观效果也不会相同。因此，毛衫的穿法或如何搭配，也会成为令人关注的流行的内容（图10-8）。

图10-8　毛衫流行配搭

七、毛衫的结构

结构即样板,俗称板型,是设计从变成的桥梁。结构的细微处理是可以体现出流行的,因此,结构有流行与非流行之分。一个好的结构有两层含义:一是合理性,即该结构的尺寸、线条处理都比较科学,穿着舒适;二是流行性,即该结构是具有当前流行样板的。文化的特征会反映在服装结构上,跟随社会时尚而变化(图10-9)。

图10-9 变化多端的结构设计

八、毛衫的工艺

工艺保证了产品的加工。工艺也有流行与过时之分,加工针织服装并不是一个将衣片简单拼合,而是一个如何使衣片的合成更为美观、合理的不断进步的过程。工艺细节设计往往是一些品牌津津乐道的,也是高品位消费者选购服装的前提(图10-10)。

图10-10 工艺细节体现毛衫品牌的品位

第三节　优秀品牌的毛衫流行分析

　　Missoni（米索尼）在意大利众多时装品牌中被公认为针织品的典范。极富艺术感染力的色彩、良好的针织工艺、流动效果的条纹组成了Missoni经典的风格。不同的组合和搭配创造出了Missoni的缤纷世界，每个角度、每个瞬间永不雷同，充满惊喜（图10-11）。杰出的创造性使Missoni不仅在商业中获得巨大成功，在艺术上也备受瞩目。"衣橱里有一件Mssoni的服装，无论何时何地都可高枕无忧。"据说，这是一个把针织视为艺术作品的家族的箴言。

图10-11　Missoni作品

Missoni是少数以家族经营方式而持续至今的流行品牌，当家花旦Angela（安杰拉）兴趣广泛、热爱现代艺术，她自己说如果不是出生在时装之家，很有可能进入室内设计的领域。从18岁起，Angela就协助母亲进行Missoni品牌的女装设计。她为Missoni带来了极大活力与变化，最终成为Missoni公司的总裁以及女装设计总监。

在她眼中Missoni服装并不意味的追求潮流，"自从我进入这一行业，就想把每一件衣服设计成一件艺术品，妇女因喜欢她而购买，而不是因为它在流行中，她应觉得它永远可以穿着。"Missoni服装的设计是永久性的而不是时髦一时的。一件Missoni的服装，可以在一个季节里与一种你喜欢的颜色搭配，也可以在下一个季节里与另一种颜色搭配。抽象化色彩的组合具有现代意义，把Missoni针织服装提高至艺术的高度，使艺术与机械同一调和。在Angela的执掌之下，Missoni再一次将经典针织引起全球时装界的广泛关注。

第四节　流行色与毛衫设计

流行色在一定程度上对市场消费具有积极的指导作用。国际市场上，特别是欧美日韩等一些消费水平较高的市场，流行色的敏感性更高，作用更大。

流行色款式设计、色彩搭配及选材不仅彰显新时代潮流服装和首饰上，具有独特的气质和品位，更要以潮流、创新及多元化为前提，将简约、个性、绚丽多彩融合为一体。缤纷华丽、简约经典，善于把握每一季的流行色彩，引领时尚潮流。2019~2020年毛衫流行色系的运用如图10-12~图10-15所示。

据中国流行色协会的数据显示，美国、日本等各国从事各行业色彩设计和商品企划的色彩搭配师每年高达几十万人，而在中国，流行色领域的专业色彩搭配师基本空白。

男性和女性有着不同的用色要求。国际流行色委员会每年发布的流行色卡分男装色卡与女装色卡两种。一般来说，女装色卡具有鲜明、活跃、柔嫩的特征；相比之下，男装色卡则显得沉着、稳重和含蓄。

服装流行色是基于各类消费者选择的必然产物，了解并尽量掌握服装流行规律对服装产业来讲是至关重要的。流行预测者犹如一个先知，他们发布的流行信息能帮助设计师们看到未来，使得设计企划人员对于新一季节的产品开发做到心中有数，使得产品与时尚和各类消费者建立起联系，了解到不同层次方面的需求。

因此不论是设计师还是服装企业，都应该密切关注市场的流行动向，积极获取和研究各种流行权威和相关机构的流行发布，结合自身的经验和总结分析能力来制订合理的市场战略。但是，不论流行预测机构多么权威，流行色彩预测毕竟属于预想和猜测性的，不具备在日常生活中的现实性和差异性，所以服装设计师和服装企业不能无条件地信赖各种流行预测，必须在实践中研究和分析市场流行现象，根据实际情况作出相应的判断和规划。

图10-12　淡紫雾色

图10-13　鲜橘黄

图10-14　奥海蓝色

图10-15　2019/2020秋冬女装针织流行色

流行预测结果对于大部分和时尚有关领域的从业人员来说是一种工具，流行色从萌芽、成熟到衰退大约要经过两三年时间，特别是在选择色彩、材料、形式和细节等方面，是设计师们的行动指南。以前，有的消费者由于不了解时尚而拒绝接受某些设计，于是一些服装企业根据顾客的需要和愿望来计划自己的新产品，以降低销售不对路的风险。今天，流行信息通过网络广告媒体的传播，使得广大客户有直接了解和接纳时间，选择最新流行的产品并产生购买欲望。

思考与练习

1．运用流行色信息设计一组毛衫款式（3~5款）。

2．理解品牌专用色与流行色的关系。

第十一章　毛衫产业与毛衫品牌

第一节　毛衫产业特点及其发展趋势

一、毛衫产业现状

我国目前毛针织行业的主要产品有羊毛衫、羊绒衫、兔毛衫和化纤毛衫，其中羊毛衫（包括纯羊毛衫及羊毛与其他纤维混纺的毛衫）为档次高、附加值高的毛针织衫，其产量占针织毛衫行业的总产量的50%左右。长久以来，欧盟和美国对我国的针织毛衫产业服装进口实行配额限制。随着我国在世界贸易组织的稳定位置，欧美对我国的进口限制已经开始逐步瓦解，这意味着针织毛衫业尤其是羊毛衫将迎来又一个春天。科学技术的发展必将加快针织毛衫行业的发展升级的步伐，就目前而言，中国的羊毛衫行业还需进一步拉动产业发展，创造新的款式，提高档次质量，进一步扩充行业的前景。

在毛针织行业中，羊绒业犹如王冠上的一颗明珠，十分耀眼。中国羊绒制品产量以及出口量均为世界第一。针织毛衫制品在国内外的需求量增长，促进了针织毛衫行业的投资和增加。目前，全国针织毛衫的生产能力和销售优势主要集中在华东地区和广东省，它们完成的工业总产值占全国的80%，实现销售利润占全国的85%。

二、毛衫产业发展趋势

今后的针织毛衫行业的发展趋势是品种花色越来越多，新一代技术开发新产品。系列化、时尚化、高档化、舒适化、功能化和品牌化已经成为一大趋势。在这期间，针织毛衫生产者使用的新型原料和工业技术得到了很大的发展空间，特别是采用化纤新原料上的表现尤为突出。

毛织品包括毛衣、毛织长裙、夹克及外衣等，将迎来超大、宽松的新潮流。强调肌理结构的针织技术将取代图案印花方式，慵懒宽松的设计从头到脚表达了一种亲切随和，自然地流露出随意、轻松的含蓄感。舒适随意的套头衫上半身运用随意无结构的袍式设计，到腰部收住，上松下紧的束腰方式表达新潮多变的设计理念。袍式外套、束腰外衣及改良运动套衫都将演绎这个潮流，套衫的褶皱下摆与帽式衣领，更加渲染烘托出流畅的简洁魅力。经典的女衫套装裤与朴素简洁风格将渗透于夹克和大衣的裁剪设计，流畅奢华的羊毛及柔软蓬松的丝绒也将成为重要的选料。高档外衣及针织外套将钟情于羊毛与其他高档纤维相混合的面料，例如，开司米、羊驼毛。羊毛还可以运用到传统花格呢子或格子布中，定格深藏玄机的绘图新潮流。

针织毛衫行业是纺织行业中最具活力和发展潜力的行业之一。当前针织毛衫发展行业属于全面调整、产业升级时期，面临挑战，更是机遇。我们应注重技术创新，新产品开发，品牌效应，关注生态保护，在调整和竞争中确立企业自身的优势，成为行业的中坚力量。随着宏观经济的改善和发展，人民生活水平的提高，针织毛衫市场需求量也相应增大，企业应把握机遇，发挥优势，步入健康发展的轨道。

三、中国毛衫产业现状

国内目前几大毛衫生产地如下：桐乡市濮院镇、广东省东莞市大朗镇、宁夏灵武、河北清河地区、山东海阳、内蒙古鄂尔多斯等。因为篇幅关系，下文着重介绍一下四个具有代表性的毛衫产业基地：桐乡市濮院镇、广东省东莞市大朗镇、宁夏灵武、内蒙古鄂尔多斯。

（一）濮院毛衫产业

濮院镇位于长江三角洲的浙北地区，该镇羊毛衫市场和产业享有盛誉，获得"中国大型品牌市场""全国百佳产业集群"等荣誉称号。濮院羊毛衫产业链完整，纺纱、编织、印染、后整理、物流配送等内部分工较细，羊毛衫市场辐射范围广、市场交易量大。2015年濮院羊毛衫产业集群内有毛针织生产企业6869家，实现工业生产总值357亿元。近年来，濮院羊毛衫产业转型升级取得了显著成绩，列入了浙江省块状经济向现代产业集群转型升级示范区。2015年，濮院镇入选了浙江省特色小镇首批创建名单，致力打造"毛衫时尚名镇"。

从1976年生产第一件羊毛衫开始，桐乡市濮院镇经过40余年发展，已成为全国产业链最完整的针织毛衫产业集群，也是浙江块状经济的典型代表之一（图11-1）。眼下，作为全国最大的毛衫集散中心，濮院镇羊毛衫市场已处于销售旺季，平均每日物流量近2000吨，市场产销两旺。其中，濮院毛衫产量占国内市场的70%。

图11-1 濮院毛衫市场

濮院毛衫产业优势如下：

①产业分布集中，集群优势明显。濮院羊毛衫市场历经多次改建、扩建，占地面积已达1800m²，建筑面积已达120m²，建成市场交易区20个，门市部1.3万余间，市场从业人员4.5万余人，形成了商业集聚与产业集群的产、销、研一体化的现代化集群经济，被列为

浙江省第二批现代产业集群转型升级示范区。截至2017年，以濮院为中心，辐射带动周边镇、街道所构成的针织毛衫产业集群，相关企业和非企业生产主体分别为8244家和15863家，实现总销售收入415.48亿元，其中318家规模以上工业企业贡献了277.44亿元。

②生产能力强大，配套体系完善。濮院拥有全国产业链最为完备的毛针织产业集群、羊毛衫市场和针织产业园，年产销毛衫约7亿件，占全国毛衫产量的半壁江山。2017年，濮院毛衫市场成交额实现380亿元，比2016年同期增长10.14%，已连续6年保持10%以上的高速增长，并始终处于行业龙头地位。近年来，濮院积极通过"走出去""请进来"和创新平台建设、举办各类展会等方式不断扩大濮院毛衫品牌的知名度；通过引进国外优质设计资源，不断优化创意设计人才的成长环境，实现了对外来设计人才吸引力和集聚力的不断增强。

③区位条件优越，推动业态多元发展。濮院位于上海经济圈、环太湖经济圈、环杭州湾经济圈三大经济板块交汇处，交通便捷。周边城市经济发达，对时尚产品需求量大。随着濮院羊毛衫市场从单一的批发市场向批零兼营的综合型市场转变，其市场零售所占份额从2016年的3%快速上涨至2017年的20%。除了代表中低端针织制品的羊毛衫成交额稳步增长，代表高端针织制品的羊绒衫份额也不断扩大，貂绒、丝光棉、丝绸、双面呢、棉麻等新型产品类别在市场中受到关注，产品类型已从毛衫单品向针织机织融合发展转变，新型产品占比从2010年的2.2%上升至2017年的46.6%，产业多元化发展前景广阔。

代表型企业：梦特娇、嘉尔曼、褚老大、纯爱、靓妞、新疆天山毛纺、内蒙古鹿王、浅秋、寒秋、糜老大、赛兔、澳洋纯、鄂尔多斯奥群、蓝威龙、恒源祥发财羊、恒源祥彩羊、老爷车创建、浣纱女、千圣禧、春竹（工厂）、正亚（台州）、珍贝（湖州）、浙江诸氏方圆（绍兴）等。

产品类型：自有品牌占绝大多数，以男装和女装羊毛衫、羊绒衫为主。

对设计重视度：相当重视，款式就是企业生存之本，工作人员人手一套彩路软件或富怡软件。

生产方式：全电脑机为主，多提花、间色、组织。

发展方向及特点：大力度投入产品款式设计，追求新款如饥似渴，以款式争取市场。

（二）广东省东莞市大朗镇毛衫产业

广东省东莞市大朗毛衫基地位于东莞市中南部，是珠三角都市圈的重要支点，地处港深穗经济走廊中部，与深圳市宝安区接壤，毗邻松山湖国家高新技术产业开发区。大朗毛衫基地是以东莞市大朗镇为中心，辐射涵盖周边镇街的毛衫产业集群基地。现有毛衫企业近万家，行业从业人员超过10万人。丰富的人力资源、强大的技术力量使得大朗毛衫业成为国际毛纺织品研发生产、流通集散、价格发布、质量认证、时尚展示、信息发布中心之一。大朗先后被评为"中国羊毛衫名镇"、全国首批"产业集群试点单位"，广东省创建区域国际品牌3个试点单位之一和首批15个广东省产业集群升级示范区之一，被中国纺织工业协会授予"全国纺织精神文明建设示范基地"、全国纺织产业集群发展突出贡献奖、中国毛衫产业集群推动奖等荣誉。

近年来，大朗毛衫基地以打造"世界毛织之都"为目标，大力建设完善基地公共服务平台，从生产环节、研发设计、质量检测、人才培训、产品营销等各个领域，推动毛衫产业转型升级，取得了一定的成效。一是集聚程度高：拥有毛衫专业市场2个，毛衫生产片区6个、毛衫专业街12条，以大朗为中心的产业集群年销售量超过12亿件。二是配套能力强：形成了研发设计、生产加工、机械设备、物流贸易、人才培训、科技服务、信息咨询等一条龙产业配套。三是外贸份额大：大朗毛衫60%出口国外，主要为欧美和日韩地区。毛衫产品单一镇区出口额位居全国首位。四是品牌影响广：大朗吸引了鄂尔多斯、POLO等多个世界顶级品牌和国内名牌在大朗生产，并培育了"印象草原""卷卷毛"等20多个本土名牌名标服装产品。

大朗毛衫基地计划以10平方公里毛织商贸城为载体，把大朗建设成为东莞市重大产业集聚区、全国重点毛衫产业集群，建成集高档毛织品生产基地、毛织服装研发设计中心、毛织服装销售中心、毛织服装品牌集散地、数控织机制造和销售基地于一体的世界毛织之都。

大朗毛织贸易中心是国内毛织行业规模最大、设施最先进的展馆，每年"织交会"，人流如织。12万平方米的建筑规模，2万平方米的巨型广场，5000平方米的室内中庭，5000多平方米的多功能会展厅、千余个铺位、20米的超宽室内通道、2部观光电梯、4部货梯、18部名牌扶手电梯、600多个停车位，大朗毛织贸易中心庞大的规模、齐备的功能配套足以满足日后发展需求。

大朗毛织贸易中心具有十大优势：

①产业优势：立足大朗3000余家毛针织企业构筑的雄厚产业基础。

②规模优势：建筑面积12万平方米，1000余个铺位，是目前国内规模最大的毛针织品贸易中心。

③地理优势：位于制造业最成熟、最密集的珠三角，比邻香港，坐镇发达的一小时经济圈内地理要塞，海陆空物流交通四通八达，出口便捷。

④配套优势：各种便利配套设施一应俱全。市场营运中心：客户服务中心（配有精通各国语言的导购翻译）；职业教育培训中心；仓储物流中心；商务办公中心；电子（互联网）信息中心；展览展示中心；餐饮、公寓、休闲中心；公交客运中心。

⑤功能优势：集展示、交易、技术培训和信息咨询等功能于一体，经营范围涵盖毛针织成衣、毛织原辅料、毛织机械化工等领域。同时将高科技融入经营，建立商务网站，通过互联网展示宣传，实现跨地区、跨国网上电子交易。

⑥经营优势：政府、和业协会、各地同行强强联手，实现资源互补、商机共享。

⑦品牌优势：发展商出巨资设立推广基金实施品牌形象战略，统一进行强势推广，倾力打全球毛织贸易第一城品牌。

⑧成本优势：租金低，试业期内还充分享受各项优惠政策，真正实现低成本进驻，高

效益成长。

⑨管理优势：发展商为毛织行业翘楚，具有多年丰富的运作经验，引进科学管理理念，来用先进管理模式。

⑩政策优势：政府重点扶持的大型毛织品牌推广基地，斥巨资倾力打造的毛织服装品牌孵化器。

一年一届的中国（大朗）国际毛织产品交易会，已成为行业品牌展会。近年来，大朗镇大力引导企业提高研发设计、品质监管、营销策划"三种能力"，加快推进毛织业实现"两大转变"，即从产品经营向品牌经营转变，从生产基地向区域集散中心转变。

代表型企业：英伟、兴业、圣旗路、龙姿、纪凡登、众圣、兴锋、格林诗缔等。

产品类型：接外贸加工，走低端市场，打价格战，女装针织衫为主。

对设计重视度：不重视，即舍不得花钱请设计师又舍不得花成本提高质量，请工资低资历浅的吓数师傅开发新"款式"。

生产方式：半自动手摇横机为主，纯单边，少收夹，工序尽可能的简单化。为降低成本外发至湖南、广西、河南等地进行前道生产。

发展方向及特点：加工企业以降低接单价格谋求生存，内销企业以降低价格谋求市场，生产上完全依赖半自动横机以提高产量降低成品，工艺上最大程度的简单化自动化。很多企业依靠广州的新大地、白马、广安、金象等服装市的档口接单加工或自产自销，原来部分加工企业越来越依赖于吓数师傅带客户织机缝盘师傅带工人的模式。

（三）宁夏灵武羊绒产业

宁夏灵武羊绒产业园区主要依托灵武原有羊绒企业和紧邻国内羊绒主产区的优势，为提高产业聚合效应、优化投资环境、解决社会就业而建立的劳动密集型特色产业园区，于2003年4月开工建设。规划面积3600亩，已开发2600余亩，完成水、电、路、通信等"七通一平"基础设施建设，形成规模发展化聚集优势。

灵武羊绒产业园区是灵武市为提高产业聚合效应、优化投资环境、解决社会就业而建立的劳动密集型特色产业园区。已引进企业43家，项目总投资17.2亿元。2007年4月，成功组建了宁夏中银国际绒业集团、宁夏嘉源绒业集团、宁夏荣昌绒业集团等三大产业集团，集团内部分别成立担保中心和销售公司，集团间产业发展各有重点，形成了集团之间分工协作、竞争发展的局面。2007年9月，经国家证券委批准，宁夏中银国际绒业集团顺利重组圣雪绒，成功上市，标志着灵武羊绒产业航母正式启动。2008年，全市境内流通原绒7000余吨，生产无毛绒3600吨，羊绒条350吨，羊绒纱700吨，羊绒衫等制品360万件，产值达到45亿元，出口创汇近1亿美元，解决就业累计达7400余人。2009年预计全市无毛绒产量达到3800吨，羊绒条500吨，羊绒纱1000吨以上，羊绒面料30万米，羊绒衫300万件，披肩、围巾等制品130万件，产值达到55亿元以上。

灵武市先后被国家有关部委授予"中国精品羊绒产业名城""中国灵武优质山羊绒分梳基地""国家火炬计划灵武羊绒产业基地""中国产业集群品牌50强""中国灵武国

际精品羊绒之都""全国百佳科学发展示范园区""加工贸易梯度转移重点承接地"等称号,并列入中国纺织产业集群试点地区。

"世界羊绒看中国,精品羊绒在灵武"。园区已初步形成羊绒分梳、绒条、纺纱、制衫、面料为一体的生产加工产业链。现有千堆雪、菲洛索菲、绒典、灵州雪、帕雪阑等自主品牌,其中,绒典和帕雪阑被评为自治区级知名品牌,今后将重点发展羊绒精深加工,加快品牌建设,进一步发挥羊绒产业研发基地作用,争创灵武羊绒产品设计国际一流、生产工艺国际一流、产品销售国际一流,努力将灵武羊绒产业园区打造成全球原绒集聚区和加工中心、精品羊绒制品研发和生产中心、精品羊绒交易中心、羊绒制品流行趋势发布中心、羊绒产品品牌基地和一流羊绒企业集聚区。

代表型企业:嘉源圣雪绒、中银绒业控股集团、荣昌、特米尔、盛源、道森。

产品类型:依靠本地原绒生产优势进行羊绒深加工。

对设计重视度:一般重视。

生产方式:横机、电脑机、花机。

发展方向及特点:院校企业合作打造灵武羊绒、科技纺绒,提高羊绒的性能及功能。

(四)鄂尔多斯市羊绒产业

鄂尔多斯市位于世界优质羊绒生产带,是世界顶级绒山羊——阿尔巴斯绒山羊的产地,拥有中国羊绒服装第一品牌和排头企业——鄂尔多斯羊绒集团。羊绒产业是我市的传统产业和民生产业,也是农牧业产业化最大的优势主导产业和地标型产业。该市的羊绒产业从20世纪70年代初起步,到90年代进入发展的鼎盛时期,一跃成为全市重要的优势特色传统支柱产业之一,为全市经济发展和劳动力就业做出过巨大贡献。经过多年的培育发展,全市羊绒产业已形成从原料生产、收储、加工,到新产品研发和国内外市场营销完整的产业链条,具有优质原料多、研发能力强、企业集聚、工艺先进、品牌驰名、销售网络健全等优势,在繁荣市场、扩大出口、吸纳就业和增加农牧民收入、提高地区知名度等方面发挥着重要作用。

全市现有规模以上羊绒加工企业79家,占自治区规模以上羊绒加工企业的55%,其中,国家级农牧业产业化龙头企业2家,自治区级2家,拥有国家级羊绒制品工程技术研究中心和国内最具权威的专业检测实验室。2013年,全市生产无毛绒4850多吨,羊绒纱2436.7吨,羊绒制品1658多万件,解决就业3万余人,实现产值200亿元。目前,全市大力推进羊绒产业集群发展,投资兴建的现代羊绒产业园区已投入使用,园区共规划用地7000亩,一期开发2791亩,一期项目总投资35亿元。园区建成后,将形成生产洗绒1500吨、分梳加工1000吨、纺纱2000吨、染色1800吨、羊绒衫450万件、精纺羊绒面料100万米、围巾披肩400万条的能力,解决8000人就业,该项目现已开始投产。

代表型企业:鄂尔多斯、昭君、鹿王、兆君、东达蒙古王等。

产品类型:以保暖为主的羊绒衫、羊毛衫。

对设计重视度:较为重视。

生产方式：电脑机、提花花机

发展方向及特点：利用山羊养殖、羊绒纺织历史早、临近北京等地方特有的优势，开拓北京等北方市场，以及以北京为对外经商口岸，出口到海外市。

四、时尚化转型是濮院毛衫产业的必由之路

随着时尚消费需求的不断迸发，时尚产业已成为当前最具发展潜力的新兴产业之一，时尚化转型也因而成为顺应消费经济时代的必然趋势。

近年来，低层次加工、低附加值产品加工制造业态面临市场需求疲软、国内外竞争加剧等一系列不利因素，加上招工难、融资难和环保成本上升等资源瓶颈限制，产业利润进一步被挤压甚至生存空间都受到了影响。在这种新形势下，以价格为主要竞争优势的濮院毛衫转型升级势在必行。通过向时尚产业转型，有助于濮院毛衫产业提高市场议价能力，避免出现产业空心化现象，有利于毛衫产业的持续发展。

濮院羊毛衫产业发展初期，大部分企业没有品牌，主要依靠专业市场将产品销往长三角或国内更远市场。随着长三角地区消费升级，濮院毛衫企业竞争压力普遍增大，一些先进企业开始尝试自建品牌，涌现了800多个自主品牌。

进入新世纪后，为鼓励支持企业转型升级，当地政府推进"国家纺织服装产品质量监督检验（浙江桐乡）毛针织品分中心""浙江（嘉兴）毛衫产业科技创新服务平台"等服务平台建设，出台品牌奖励政策等。近年来，政府着力推进羊毛衫NVC支持体系建设，以濮院320创意广场为载体集聚广告设计、产品设计等专业公司；推动成立韩国时尚创意设计中心，吸引韩国设计师团队；建设毛衫时尚小镇，打造集会展博览、创意设计、流行趋势发布等为一体的特色小镇等。

第二节　毛衫品牌产品开发设计原则

毛衫品牌产品开发首先是以确立目标市场的需求为原则，通过对目标市场的细分，确立品牌在市场上的独特性，从而找到品牌产品给予消费者的独特性，带给消费者情感、功能方面的某些利益。因此，在品牌概念下进行产品开发设计，有别于单纯的产品开发，其中，品牌的知名度是通过产品的疏导得以实现的。品牌的独特性还建立在品牌概念的基础上，对消费者的认知和感受，而这种认知和感受三者的总和，在此基础上确立产品开发的设计理念，是品牌产品开发的又一个设计原则。通过对品牌形象及品牌架构的确立而进行的产品开发设计行为，才是真正围绕品牌的属性特质进行的有价值的品牌产品开发。

一、确立目标消费市场需求设计原则

毛衫品牌产品的设计原则首先是对目标消费市场需求的确立。首先明确市场层面的特点

和相应的消费群体需求，并在此基础上结合消费市场格局进一步锁定相应的目标消费群体。

二、建立品牌理念下的产品开发设计原则

毛衫品牌产品的开发设计除了需要确立目标市场需求的设计原则外，还需建立在品牌理念的基础上进行产品开发设计的原则。包括明确品牌属性及其构成和建立在品牌构成下的产品开发设计。明确品牌属性包括明确基于目标市场需求的品牌定位、品牌形象等内容，明确品牌构成包括明确消费者构成、品牌的价格构成、产品构成和面料构成等内容。品牌属性及其构成的明确可以为后续的专项产品开发提供依据和保障。

品牌的形象和消费人群的锁定有助于构建品牌的产品形象，并可以构建产品的价格定位、面料构成和产品的结构构成，而产品的结构构成又会对面料构成等产生影响。品牌的价值构建了产品的价格构成，产品的价格构成也会对面料构成产生影响。以达到品牌的效应价值。这些品牌形象、消费人群定位、产品形象等属于品牌的架构内容，品牌即通过这些内容的架构，体现品牌的特色，从而为进行有效的产品设计提供了依据（图11-2）。

图11-2　浙江纯爱品牌

明确品牌属性与架构后，需进行品牌构成基础上的产品开发。在设计开发的过程中，首先需要在明确品牌相关属性的前提下进行灵感的挖掘和主题故事的确立。灵感可以是一张照片、一块特殊的材料或者某一感兴趣的物体。通过对其进行内容的扩充和情节的引入，可以构成该品牌该季的主题故事。对主题故事进行分析可以引发廓型和细节的联想，同时考虑季候性对设计元素的影响。明确设计元素的基础上，可以规划该品牌的产品构成。品牌的产品构成是根据季候性和市场需求，依据品牌属性，对产品进行合理构成。

第三节　毛衫品牌维护与推广设计

毛衫品牌的终端形象设计是毛衫品牌整体策划中重要的一环，是品牌企划的最终表现途径。品牌的理念和商品的设计诉求都将通过终端的系列设计来表现，并传达到消费者的眼中。在此过程中，毛衫品牌主要通过以下几个方面将信息传递给消费者：毛衫品牌的终端形象设计传递给消费者品牌独特的印象；毛衫品牌的终端宣传将品牌形象作时间、空间的立体传达；毛衫品牌产品的陈列设计通过购物环境传达品牌和印象。在品牌的终端推广中，毛衫品牌产品的创新和优化设计和毛衫品牌的终端营销创新设计是毛衫品牌维护的重要环节，是品牌不断给消费者制造惊喜的源泉。

一、毛衫品牌的终端形象设计

毛衫品牌的终端形象包括产品形象设计、店面形象设计、销售人员的服务形象设计和品牌的宣传形象设计等多方面的因素。其中产品形象设计包括产品本身所传达的形象感和产品的LOGO、标识等所表现的形象。店面形象设计包括店面模特形象、店面陈列展示形象等传达出卖场气氛（图11-3）。服务形象设计包括服务人员的形象、服务人员的态度以及服务场所的便利设施等所传达出的形象。品牌的宣传形象设计包括品牌广告形象、品牌发布会、推广系列活动的形象。

图11-3　索尼亚·里基尔品牌终端店铺

二、毛衫品牌的终端市场推广与宣传设计

毛衫品牌的终端宣传设计是以视觉表现为目的推广设计。包括毛衫的样宣设计、不同

节庆点的促销手段设计、平面宣传设计、影视宣传设计、广告推广设计等。在宣传设计的过程中需利用品牌的形象设计独特的宣传元素，并在设计过程中准确地平衡品牌的定位与流行元素的运用尺度。

品牌的样宣设计即品牌用于推广产品的产品手册，也被称为目录。品牌的样宣在设计过程中需注意文本的简洁、形象和主题的突出、编排的时尚、演示方式的新颖，整体能够呈现该品牌的时尚主张和该季的主题表达。毛衫品牌的特殊性使其终端的广告推广需牢牢把握品牌服务的主流消费者群体的心理需求，在广告中给予充分的情感满足。广告推广包括杂志推广、报纸推广、电视影视宣传推广能内容。

三、毛衫品牌的产品推广与陈列设计

毛衫品牌的产品推广和陈列设计是毛衫企划方案中的重要组成部分，需与毛衫产品的设计方案和品牌营销战略同步进行。制定陈列设计方案的目的是将零散的服饰商品以与品牌规划协调的统一形象、完整的故事情节、品牌特有的表述方式向消费者展现。在现行的毛衫品牌运作中，这一步是展现设计师产品和品牌形象的立体窗口，近年来其受重视程度日益提高。

毛衫品牌的产品推广与陈列设计包括以下空间划分：演示空间VP（Visual Presentation）即整体表现品牌流行的橱窗或演示展台区域，可以起到吸引消费者目光的作用（图11-4）；展示空间PP（Point of Sale Presentation），即根据商品流行需求，作为陈列重点的区域，可以起到引导销售的作用，如墙面上段的中心位置、货架上、隔板上，通常以正挂形式展示商品；陈列空间IP（Item Presentation），即陈列空间中除VP、PP以外的其他空间，如挂架、货柜等（图11-5）。

图11-4　羊老大专卖店

图11-5 鄂尔多斯终端陈列

进行产品推广和陈列设计时需明确陈列的对象、时间、地点和表现方式，运用基本的陈列方式，如水平陈列、垂直陈列、混合陈列、分组陈列、正挂陈列、侧挂陈列、折叠陈列等。结合不同的空间、不同的品牌需求进行设计，其目的是为了让消费者容易观看、容易触摸、容易产生联想，进而产生购买冲动。在此过程中应注意整体整洁、成本和控制。

1. 丰富出样方法

改变原有呆板的一字排开的摆放方式，可适当错落有致，加强出样的节奏感。增加一些帮助出样的辅助道具，除了模特、普通衣架之外还可根据产品特性增加一些特色道具。模特出样、正挂、侧挂（图11-6）、叠装之间应有很好的互动，每组墙体或中岛应组成一个完整的展示区域。模特出样能突显该墙体的设计风格或亮丽色彩，正挂能加强顾客对这组产品印象，侧挂能丰富产品的种类或色彩，叠装备货的同时丰满卖场，各种出样手法协调互补。

图11-6 安哥拉品牌羊毛衫陈列效果图

2. 合理地突显产品设计特色

每件产品能到终端卖场，都是经过层层筛选，凝注了设计师以及众多人员的心血，因此每件产品都有其特别之处，这就需要陈列策划人员对产品深入了解，找准该产品的精彩之处，根据其特点推出最合适的展示方法。针织产品的设计手法主要有：特色针法、装饰辅料、烫钻、特色板型、拼色等。

3. 色彩多而不乱、素而不闷

一般超过20m²的卖场都有足够的空间把产品按色系展示，色系无需太多，3~5个色系就好（图11-7），色系划分应考虑色彩本身的表象的同时还应该考虑冷暖色的搭配，还有基本色、流行色、品牌固有色等，这都需要陈列师有很好的专业素养。

图11-7　控制侧挂的色彩数量

4. 搭配完整

搭配这方面可能是很多针织品牌最为欠缺的，因为大多数针织产品都以单品为主，所以产品在出样上并不完整。以模特出样为例，毛衫类品牌可能会给毛衫搭配一条不是很配的裤子。

5. 适当的氛围道具装饰

适当的氛围道具能突显品牌文化的同时让卖场更有亲和力，卖场应弱化商业氛围，尽量让顾客感到轻松，适当的氛围装饰可能会给卖场起到画龙点睛的作用。

四、毛衫品牌产品的创新和优化设计

毛衫品牌的创新和设计体现在品牌设计的任何一个环节，特别是在品牌的终端对产品进行再次创新和优化设计时，可以达到增加品牌知名度、提高价值性的作用。由于终端是品牌形象的窗口，作为设计师和品牌决策者，都不能忽视终端品牌产品的创新和优化所带来的强辐射力。如果品牌在产品设计与创新上面花费了大量的人力和财力而忽略了终端对产品的创新和优化设计，那将是事半功倍的结果。在终端对毛衫品牌进行创新和优化设计的方法有以下几点：在终端强化品牌需传达的概念信息，利用视觉性巧妙地展示卖场的品牌信息；将产品按消费群的习惯进行优化穿搭陈列，强化目标消费者需求；在配饰摆设中进行创新设计，强化消费者生活样式，优化营造消费者喜爱的气氛；运用创新组合模特展示，优化品牌的主推样式，强化产品的系列观感和新鲜感；运用色彩的优化陈列，如两种颜色，7：3或者5：5的比例。

五、毛衫品牌的终端营销创新设计

毛衫品牌的终端营销是服装营销的最末端，是前期所有营销手段的最终出口。在终端进行营销创新设计是产品成功推出的强化剂。这里所指的终端营销主要包括服务在内的软性营销手段，如VIP（贵宾）服务、其他形式的创新客服内容、电话或网上回访服务等。所有项目都是围绕品牌定位、产品特色展开。随着体验经济概念的逐步深入人心，以倡导情感消费为导向的新型消费观念使消费者在进行消费抉择时更多考虑除产品之外的购物愉悦感，这就需要品牌针对消费群体采取多样化的营销创新设计与服务，让消费者感觉产品不仅是能购买，而且是乐意购买；购买后的产品不仅是穿得放心，而且也称心和舒心。例如，贵宾的生日礼物赠送、顾客选购商品的免费异地邮寄、免费送货上门、免费修改、原价定做等。

第四节　国际针织服装设计师品牌解析

几乎每个人都拥有一件质地柔软的针织衣物，初春脱掉厚重的外套，换上轻薄的针织单品，将春天的生机盎然展现。同样属于服装行业领域，针织织物与机织织物截然不同，机织织物是由经纱纬纱交织而成，而针织织物的最小单位是"线圈"，所以针织织物更具伸缩性和透气性，手感柔软弹性丰富。

一、法国品牌Sonia Rykiel

"针织皇后"Sonia Rykiel 1930年5月25日出生于法国巴黎，从血统上说Sonia Rykiel是波兰犹太人。17岁时，Sonia Rykiel就在巴黎纺织品商店做橱窗陈列，后来嫁给一位售卖优雅服饰的精品店主。Sonia Rykiel同时还是作家、演员和美食家，她在其他方面的激情也同样滋养着她的时装创造力。20世纪80年代，Sonia Rykiel被评为全球最优雅的女性TOP 10之一，她证明了针织衫可以展示各种时装潮流。

索尼亚·里基尔（Sonia Rykiel）品牌故事如下。

1962年，Sonia Rykiel怀孕时，她发现找不到合适的柔软针织衫穿，于是决定开始自行设计，原材料则来自丈夫的一位在威尼斯的供货商。

1963年，被Sonia Rykiel称为"穷男孩针织衫"（Poor boy Sweater）的针织衫，在她丈夫的品牌"Laura"下销售，并受到当时最著名的时尚杂志《Elle》的追捧，登上了杂志封面，Sonia Rykiel的针织衫也因此一举成名。

1968年5月，Sonia Rykiel在巴黎格兰爱尔路（Rue de Grenelle）左岸6号开设了她的第一家专卖店。

1968年美国的时装杂志《Women's Wear Daily》更把Sonia Rykiel视为"针织皇后"。

1971年，Sonia Rykiel推出了品牌的第一个系列服装。

1973年，Sonia Rykiel设计了不包边的女装。

1975年，Sonia Rykiel发明了把接缝及锁边裸露在外的服装，创造性地除去了褶边与内衬。

1976年，Sonia Rykiel发布春夏系列来展示接缝及锁边裸露在外的服装理念。

1977年，Sonia Rykiel登上了法国邮购品牌3 Suisses目录，开辟了设计师为3 Suisses设计作品的先河。

1979年，Sonia Rykiel推出了第一款香水"7e Sens"，并在1991年，在巴黎圣奥诺雷郊区街（rue du Faubourg Saint-Honore）开设了精品店。

1983年，随着Sonia Rykiel之女Nathalie Rykiel第一个孩子"Tatiana"的出生，她设计了一系列童装，并于1984年创立了童装子品牌Sonia Rykiel Enfant。后于1987年在巴黎格兰爱尔路（Rue de Grenelle）左岸8号开设了童装独立精品店。

1989年，Nathalie Rykiel创立了Sonia Rykiel女装成衣子品牌Inscription Rykiel。

1990年，Sonia Rykiel在巴黎圣日耳曼大道（boulevard Saint-Germain）175号开设品牌旗舰店。

1992年，Sonia Rykiel推出配饰系列。

1996年，在美国纽约开设了Sonia Rykiel专卖店。

1999年，Sonia Rykiel子品牌Inscription Rykiel正式更名为Sonia by Sonia Rykiel。

2001年，Sonia Rykiel Domino系列包袋面市。并在卢森堡开设了Sonia Rykiel专卖店。

2002年，Nathalie Rykiel在女装系列之下提出了全新的概念——女性性爱玩具Rykiel Women。

2005年，Rykiel Karma Body And Soul在圣日耳曼（Saint-Germain）开设了一家商店。

2008年，是Sonia Rykiel品牌创立40周年纪念，特别举行了一场别开生面的大秀，包括Christian Lacroix、Jean Charles de Castelbajac、Jean Paul Gaultier、Karl Lagerfeld、Olivier Theyskens等大牌设计师出席。在秀结束后，30位模特展示了来自这些设计师朋友们为Sonia Rykiel庆祝40周年的特别设计。

2009年，Sonia Rykiel与H&M推出合作系列。

2012年，Sonia Rykiel被香港利丰集团（Fung Brands Ltd）收购，同时进入了品牌第一阶段的重整。

2012年，Sonia Rykiel 任命Geraldo da Conceicao为品牌创意总监。

2013年秋天，巴黎圣日耳曼（Saint-Germain）大道上的索尼亚·里基尔（Sonia Rykiel）旗舰店和Rue du Faubourg Saint-Honore的门店重新设计装修。

2014年，Sonia Rykiel进入第二阶段的品牌重整。

2014年1月，Sonia Rykiel在香港开设两家门店：Sonia Rykiel Ice House Street门店和Sonia by Sonia Rykiel时代广场店。

2014年5月，Sonia Rykiel 任命设计师朱莉·德利班（Julie de Libran）为品牌创意总监。

二、瑞典品牌Sandra Backland

Sandra Backland为瑞典针织品牌，位于瑞典首都斯德哥尔摩。设计师Sandra作为全球大师级的针织设计师被很多时尚杂志所关注。积木式的针织作品，灵感来源于消瘦的人体框架和钩针编织工艺，设计师Sandra Backland（珊卓）喜欢艺术方面的冒险尝试，然而每一次的尝试都会给人惊喜。同时，她也被LV和Emilio Pucci两大时尚奢侈品牌邀请做针织类的单品设计（图11-8）。

图11-8　设计师Sandra Backland

Sandra Backland一直被誉为"针织女王"，原因很简单——她能够将普通设计师眼中最为柔软贴体、毫无造型优势的针织与毛织材料把玩得新颖、怪诞、活灵活现，甚至能呈现出硬挺的机织面料才能实现出来的厚重而夸张的造型效果。粗棒针手工编织加扭花工艺实现了对称甲壳、螺钿造型；细腻精致的钩花肌理体现出藤本植物的灵动触感；横向的鼓波组织与其他面料的结合构成了排列有序的渐变阶梯层次，如植物的骨骼一般节节延伸……Sandra Backland的设计件独特，处处体现设计师对于大自然逻辑的美感、有机体的无限崇敬与热爱（图11-9）。

图11-9 Sandra Backlund作品

Sandra Backland钟爱即兴创作的流畅。"尽管坚持手工制作，但我所做的一切都并非刻意让自己的作品看上去与众不同。甚至我并不觉得是自己选择了编织，一切只是自然地发生了。我曾经用不同的材料和工艺都试验过希望呈现的立体效果，而羊毛编织是最完美的一种方法。对我来说，编织即意味着创造自由。"Sandra Backland的话极好地总结了她的工作方法，在编织时，她由一个大致的元素出发，任由心情，不画图，不打板，过程中可以随时转换思路。在这里，伸展的毛线完成了普通布料无法完成的随意塑形。如果有足够耐心，是可以延伸出另一种创意思路。难怪Sandra Backland称自己为雕塑家，这样的工作过程也就好似用泥土塑像，过程是灵动的，而材料是有生命的。艺术创造一般的生产过程使得造出第二件一模一样的成品如同天方夜谭。而这样耗尽心血的作品，完成一件的时间可能要花费300个小时，背后更充盈着创作者自身与物料交流后产生的灵感。

三、英国品牌Sibling

Sibling（兄弟）是由Sid Bryan、Joe Bates和Cozette McCreery三个人共同经营和设计的高级男装品牌，注重于男士针织品，品牌建立于2008年。Sibling 的针织品系列带着充满英式幽默感的卡通元素，而其作品中的豹纹图案、布列塔尼条纹和具有颠覆性的明亮色彩则是Sibling不可或缺的品牌DNA。Sibling意在为那些厌倦了灰色V领老式针织衫的男人们提供一个色彩缤纷、制作精良的奢华针织品系列。其理想客户是那些处于任何年龄段的、有着自己时尚理念并且富有幽默感的男人。Sibling的第二个系列中的针织头骨和骨架紧身裤已经成为纽约大都会艺术博物馆（Metropolitan Museum of Art）中永久收藏品的一部分。他们著名的作品"针织怪物"曾经被刊登在Gestalen出版的《Doppelganger》封面上，并且成为全球羊毛现代展览中的展出品。2013年，他们的作品Pandas Rock和Tattooed Man在荷兰展出。

　　Sibling兄弟姊妹的风格幽默风趣且街头感很强，爆炸感的对撞色、街头涂鸦的图案、抢劫犯的面罩被加上熊猫耳朵……惯用图案的他们喜欢把全身上下、里外都织满花样，而头饰的设计也是每一季的点睛之笔。有耳朵的熊猫面罩、朋克骷髅面罩、带毛毛球的非洲风格头套与针织服装相互呼应着，整体配套感较强。值得注意的是，虽然他们在图案上大动干戈，而针织服装的品类却是相当的实穿，毛织开衫、套头毛衣、连衣裙最为多见。系列设计中也并非完全为针织、毛织款，也是聪明地穿插了少量机织款式的，毕竟市场是品牌服务的对象（图11-10）。

图11-10　Sibling品牌作品

四、意大利品牌Missoni

在意大利众多时装品牌中Mssoni（米索尼）已然被公认为针织品的掌门人。Missoni是位于意大利北部城市瓦雷泽的世界著名时尚集团。因其风格独树一帜的针织成衣而闻名世界，利用条纹、锯齿状图案、几何图形、圆点、格纹，让针织衫看起来像人体上的一幅立体画。多年来，得益于一流的相关机器配置和创新的纺织技术，Missoni针织服装开创了全新的惊人的工艺方式，打破了传统上经、纬纱，图案和色彩的限制。

色彩条纹针织一直就是Missoni设计的特色，Missoni式的色彩和几何抽象纹样如同万花筒，没有重复只有风格。条形花纹、锯齿纹样、利用平针和人字纹组织配合而成微微波折的细条纹、肌理凹凸提花马赛克图案（图11-11）。

图11-11

图11-11　Missoni品牌作品

Missoni服装的特色体现在其复杂又和谐的色彩与图案，给人留下深刻印象的同时，也形成了鲜明的品牌个性。Missoni通过组织结构的变化使不同颜色的纱线配置巧妙而自然，注重体现色彩的节奏感和韵律美。对色彩的把握是Missoni具有鲜明品牌特色的基础，非常值得国内针织品牌学习借鉴。

针织毛衫的设计越来越注重图案的使用，Missoni的标志图案是条纹、人字纹、波浪纹，常见的图案使用方式是标志性图案与其他变化的几何纹样交叉使用，图案变化丰富，立体感强，再辅以色彩的变化，给人强烈的视觉效果。

五、英国品牌Mark Fast

英国针织品牌Mark Fast（马克·法斯特），位于伦敦。设计师Mark Fast的作品是女性身体的一种延伸，他善于运用莱卡纱线塑造女性的玲珑曲线。他认为，他的作品代表了一种生活态度，代表了经典、身体与美丽。如果说Sandra Backland在冬天，Mark Fast则在酷夏。他喜欢用极细的丝线钩编出薄如蝉衣、极其贴体的造型，隐约透出的肌肤色、各样大胆的镂空及动感的流苏无一不在诉说着"性感"这一关键词。加上丝线原本的光泽感，配以精湛的工艺，更显出精致、华贵之感。由于工艺相对复杂，因此在配色方面多以同色为主。品类方面也相对简单地以连衣裙为主，免去了女士们在搭配方面的烦恼。毕竟，他的每一个单品也是极其独特的（图11-12）。

图11-12　Mark Fast品牌作品

六、英国品牌Louise Goldin

Louise Goldin（刘易斯·戈登）是来自英国伦敦的针织品牌。Louise Goldin是非常出众的奢侈品牌的针织设计师，他改变了人们看待羊毛的视角，开启了全新的时尚潮流，巧妙地运用针织面料及其特殊的编制方法制作而成的透视装让女性看起来性感十足。该品牌受到欧美明星的追捧。略带科技感、未来感的针织品牌确实比较稀有，比较独特、小众。对称的碎块拼接、直线型的分割、离体的结构都是针织与毛织在工艺上较难处理的设计要素（图11-13），然而Louise Goldin做到了，结合其他机织面料、配以多样化的工艺手段，在这块风格鲜明的处女地上插了一面红旗。

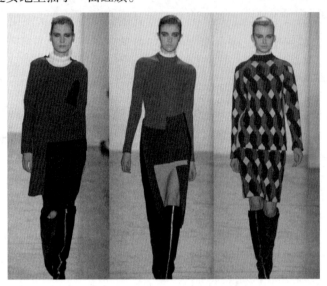

图11-13　Louise Goldin 品牌作品

七、爱尔兰品牌Tim Ryan

爱尔兰著名时装设计师Tim Ryan（蒂姆·瑞恩）的针织服装风格鲜明且性感十足。12年的自学经历，让他对纯羊绒、真丝纱线及多种金属丝面料的运用炉火纯青。流苏最近似乎一直流行，而将其如此大胆运用的还属Tim Ryan，在他的设计里面，流苏就像是彩色蜡笔涂鸦的笔触一般活泼愉快、自由随性，从肩部流淌而下至臀部，成为一款款色彩迥异的全流苏披肩。为了突出彩色的流苏披肩，搭配以舒适的纯白或黑色瘦裤与背心则是自然而然的事情。Tim Ryan的服务对象亦为性感柔美且不失幽默的年轻时尚女性。

随着市场上对针织毛衫时尚化的需求越来越大，针织毛衫设计的市场化趋势也逐渐加速。目前，许多服装品牌已不再将针织毛衫作为可有可无的一种服装形式，而是不断地加大针织毛衫的比重。一般的服装品牌中，针织毛衫在服装款式的配比中占到30%~40%，许多品牌春秋季节的销售量主要为针织毛衫产品。针织毛衫产品合理地搭配在服装款式之中，有利于产品系列的完整。针织毛衫比重的增加也促进了针织毛衫款式上的不断创新，使毛衫在整个服装领域中占有越来越重要的地位，毛衫正向着时装化、艺术化、系列化、外衣化、高档化、品牌化方向发展，如何设计出既有市场又能体现品牌文化的产品成为毛衫生产的关键。

目前，我国针织毛衫业正处于快速发展时期，从产品数量上来看是毛衫生产大国和出口大国，但并不是毛衫生产强国，行业整体技术水平还不高，尤其在毛衫组织结构设计创新方面与先进国家比差距较大。由于技术水平不高、设备比较落后、创新意识薄弱等的限制，毛衫大多采用比较常见且容易操作的单一或复合组织结构进行设计。与国外知名毛衫品牌及先进生产设备相比较，还存在一定差距，面临着严峻考验。随着针织服装外衣化、时装化、生态化、款式多元化的发展趋势，针织毛衫设计的含金量将越来越高，设计处在大变革之中（图11-14）。

图11-14　时装化毛衫

针织行业历来是纺织服装的重要组成部分，数据显示2018年我国针织服装类3522家企业利润总额达到187.66亿元，然而选择针织品类的独立设计师尚属少数，纱线的备货、生产周期的调度、成本的控制、销售渠道的拓展等等都需要付出更多思考和精力。当前我国针织行业正处在实现高质量发展的攻坚时期。据设计师表示，已有越来越多的生产方从以往只注重量化的经济效益，到如今愿意与设计师合作，在加大研发创新方面共同发力。随着技术、装备的进步以及生产智能化的发展，也许未来我们可以期待中国设计在针织领域有更多作为。

参考文献

［1］沈雷.针织服装设计［M］.北京：化学工业出版社，2014.

［2］王悦，张鹏.服装设计基础［M］.上海：东华大学出版社，2014.

［3］马克·阿特金森.时装系列设计拓展与创意［M］.北京：中国青年出版社，2013.

［4］刘晓刚，崔玉梅.基础服装设计［M］.上海：东华大学出版社，2010.

［5］胡迅，须秋杰，陶宁.女装设计［M］.上海：东华大学出版社，2018.

［6］谢东梅，黄李勇.服装设计基础篇［M］.上海：学林出版社，2013.

［7］张文辉，王莉诗.服装设计创意篇［M］.上海：学林出版社，2018.

［8］王晓威.服装设计实用教程［M］.北京：中国轻工业出版社，2013.

［9］席跃良.艺术设计概论［M］.北京：清华大学出版社，2010.

［10］陈莹，丁瑛，王晓娟.服装创意设计［M］.北京：北京大学出版社，2012.

［11］刘晓红.设计概论［M］.青岛：中国海洋大学出版社，2014.

［12］叶立城.中国服装史［M］.北京：中国纺织出版社，1998.

［13］郑巨欣.世界服装史［M］.杭州：浙江摄影出版社，1999.

［14］沈雷.针织毛衫设计创意与技巧［M］.北京：北京大学出版社，2008.

［15］石磷硤.女装设计［M］.重庆：西南大学出版社，2012.

［16］沈雷.针织毛衫组织设计［M］.上海：东华大学出版社，2009.

［17］秦晓，吴益峰等.针织产品设计与开发［M］.北京：化学工业出版社，2015.

［18］贺庆玉，陈绍芳.针织概论［M］.北京：中国纺织出版社，2018.

［19］曾丽.针织服装设计［M］.北京：中国纺织出版社，2018.

［20］刘颖.针织毛衫设计与制作实训［M］.北京：中国纺织出版社，2018.

［21］沈雷.针织服装艺术设计［M］.北京：中国纺织出版社，2019.

［22］雷励，葛俊伟、张玉红.针织物组织与设计［M］.北京：化学工业出版社，2014.

［23］王培娜.毛衫设计手稿［M］.北京：化学工业出版社，2013.

［24］沈蕾，郭利芳，李晓英.针织毛衫组织设计［M］.上海：东华大学出版社，2009.

［25］吴益峰，朱琪.针织服装设计［M］.上海：东华大学出版社，2014.